예술로서의 건축 I

형태, 공간, 그리고... 시간
춤추는 감각과 자유로운 세계

글 장정제
사진 박성현

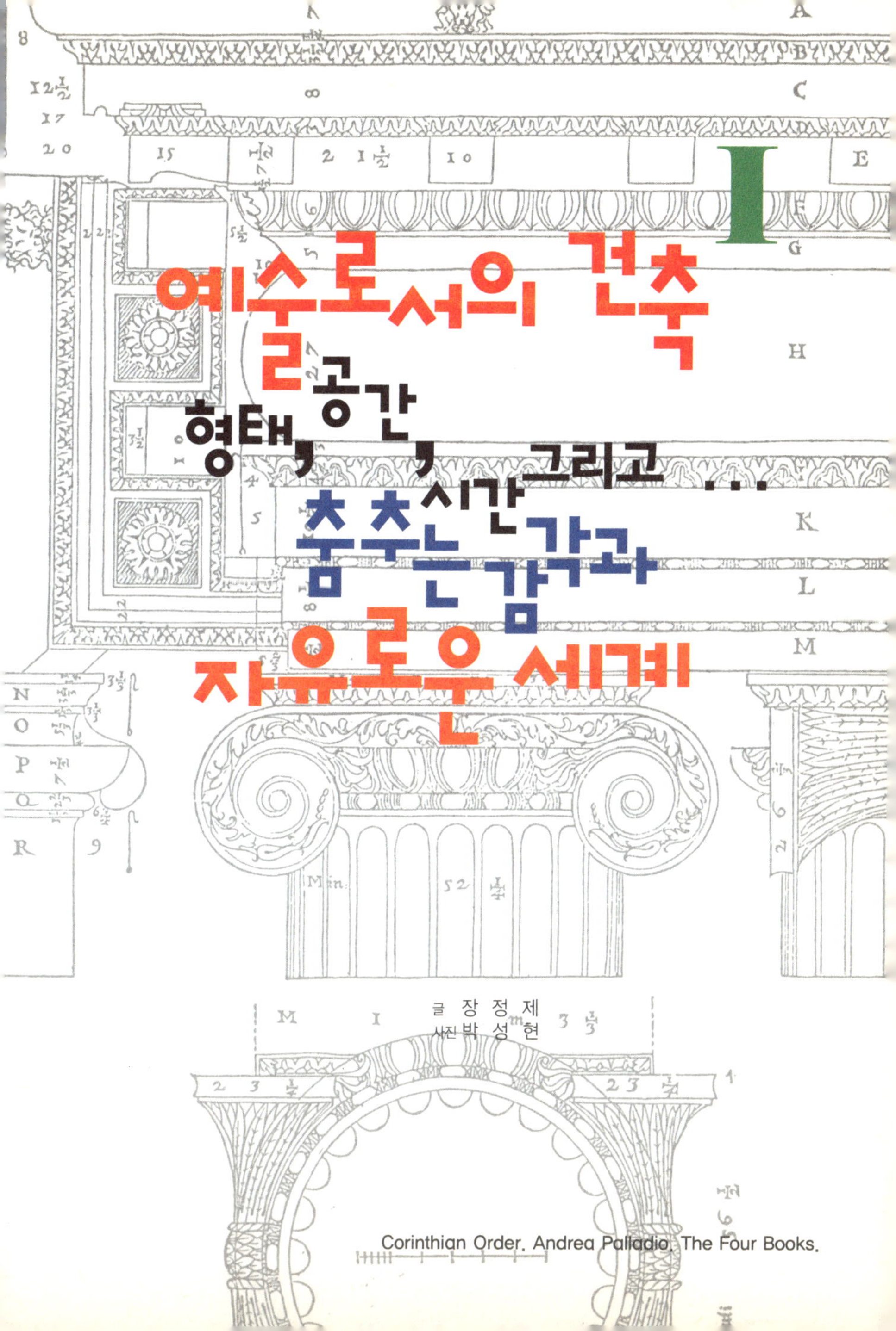

Corinthian Order. Andrea Palladio, The Four Books.

건축은 모든 예술을 담는 그릇이고 어머니이고 예술 자체라 여겨져 왔습니다. 따라서 건축가는 예술을 창조하는 사람이고 건축물은 예술이 전해주는 감흥과 아름다움을 담고 있어야 한다고 여겨집니다. 건축은 인간의 삶과 역사 그리고 문화를 담고 있습니다. 그러한 건축의 예술로서의 역량과 가능성을 파악하는 것은 수천년 동안 의미심장한 전율과 감흥 그리고 위대한 노력과 정신을 깨닫는 것이고 결코 지울 수 없는 기대이며 희망이었습니다. 건축을 이해하는 것 ... 예술로서의 건축을 이해하는 것은 우리의 삶과 의식과 세계를 이해하는 통로이기도 합니다.

통도사 어느 기와

예술가의 방을
향해 · 쉬는 · 시간 그리고 흐르는 생각 .
자유로운 세계
글 정재숙 . 사진 박상훈 .

John Pawson. Monastry of Novy Dvur. 2004.

우리가 예술이라 하는 것은 무엇입니까 수많은 사람들이 창조하고자 하고 감동을 얻고 대단한 것으로 여기는 예술은 어떻게 느끼고 만들어낼 수 있었습니까 아름다움과 추함, 신기함, 새로움은 무엇이고 우리는 과연 무엇을 창조합니까 예술가는 어떠한 사람입니까 ... 우리는 얼마나 많은 질문을 할 수 있습니까 그리고 과연 그 질문에 어느 만큼 답을 할 수 있습니까

¿

Architecture As Art

Jungjae Jang
Sunghyun Park

목 차

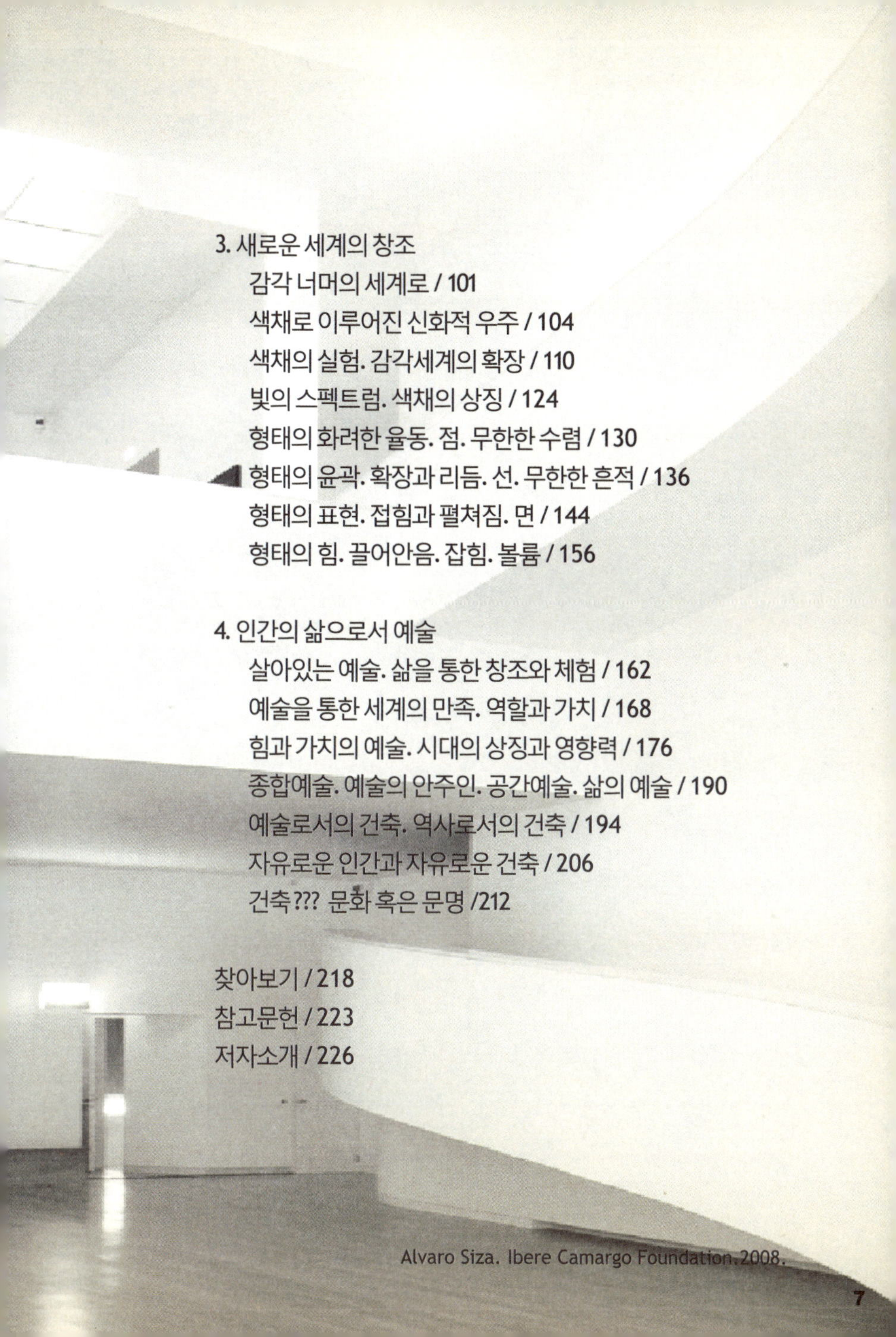

Alvaro Siza. Ibere Camargo Foundation.2008.

머리말

건축을 전공하거나 그것을 통해 삶을 살아가는 모든 사람들, 그리고 관심을 가지고 있는 사람들이 느끼고 있는 것 ...... 건축은 어떠한 매력이 있는 것은 분명합니다. 그것은 순수하게 기쁨일 수도 있고 아니면 괴로운 고통일 수도 있습니다. 그러나 분명 건축에는 우리가 느끼고 있는 무엇인가가 존재합니다. 인간은 이 세계를 스스로의 생각과 의지대로 창조하고 집을 만들고 건물을 만들고 도로와 다리를 만들어내고 거대한 도시를 창조했습니다. 분명 이 도시와 건축에는 자연과는 다른 무엇인가가 존재합니다. 인간이 창조한 모든 사물과 도구들에도 마찬가지입니다. 우리는 그것을 특별히 감각하고 그것에 이름을 붙이게 되었습니다.

예술은 그렇게 다른 무엇인가를 느끼게 하는 것으로부터 시작되었습니다. 아마도 우리가 느끼는 삶을 풍요롭게 하고 즐겁고 흥미진진한 것으로 만들어 주는 것도 예술일 것입니다. 예술이 무엇인가를 아는 것보다는 예술을 느끼고 항상 그러한 감흥과 기쁨을 가질 수 있다는 것이 더 중요합니다. 건축에 있어서 예술이란 건축에 불어 넣을 수 있는 감각이며 감정입니다. 이 책은 예술이라는 대상과 그것을 통하여 이해되는 관계와 세계를 생각해 보고자 하는 것입니다.

이 책은 조금 다른 시각에서 여러 질문을 던져 보는 것으로부터 시작하였습니다. 언제나 좋은 질문은 훌륭한 해답을 얻는 시작이 됩니다. 질문을 통하여 궁금함과 모르는 것에 대한 해답 그리고 건축 예술에 대한 관심과 가치를 이해할 수 있기를 바랍니다. 여러분 스스로 질문을 던져 볼 수도 있습니다.

그리고 그 질문의 답을 얻기 위하여 이런 저런 생각을 시도하고 책을 찾아 읽거나 누구에게인가 물어 볼 수도 있습니다. 아마도 배운다는 것은 그러한 무수한 질문의 답을 찾아가는 과정일 것입니다. 여러분이 얻고자 하는 해답을 가치있게 할 수 있는 훌륭한 질문을 만들어내고 그 질문을 통하여 다른 대상과 관계를 가늠하는 것이 앎의 과정이라 생각합니다. 결국에 여러분이 스스로 예술을 창조하고 느끼고 감흥하고 그러한 삶을 살고 있다는 것을 이해하게 될 것입니다. 여러분이 스스로 삶을 가치있게 느끼고 그러한 과정에서 건축에 참여하는 행복을 느끼기 바랍니다. 아마도 이 도시의 예술과 아름다움 그리고 그 기쁨과 감흥은 그 순간부터 여러분의 몫이 될 것입니다.

사실상 건축을 예술이라 인정한다면 모든 건축의 논의는 이 책의 소재가 될 수 있습니다. 그러나 적어도 예술이라는 것을 수 많은 가치 중에서 지고의 수준으로 인정한다면 우리는 새로운 문제에 다다르게 됩니다. 수준의 단계를 인정하게 되고 그것에 대한 평가가 가능하게 됩니다. 그리고 최상의 예술과 일상의 예술 사이에 차이와 문화적인 양상을 이해할 필요가 생겨납니다. 과연 얼마나 많은 질문들이 존재할까요? 이 책은 그러한 질문 가운데 건축을 하는 모든 사람들과 건축에 관심을 갖고 있는 여러분들이 공유하는 의문들에 대한 답을 얻기 위한 시도입니다.

이 책의 사진 가운데 표시의 사진은 박성현님이 직접 작업한 것입니다.

우리는 누구나 아름다운 환상을 꿈꾸고 그 환상을 통하여 새로운 세계를 마음에 그리고 얻고자 합니다. 그것은 언제나 우리 마음에 드러나는 끊임없는 생각을 통하여 세련되어집니다. 생각이란 한자로 사(思)입니다. 이 한자는 전(田)과 심(心)이 모여서 이루어졌습니다. 밭을 생각하는 농부의 마음입니다. 밤이나 낮이나 봄 여름 가을 겨울, 1년 365일, 비가 오나 눈이 오나 맑으나 흐리나 노심초사하는 모습입니다. 여러분과 제가 항상 건축에 관한 생각을 마음에 두고 되뇌이고 가꾸는 동안 모든 것이 마음에 들어찰 수 있게 될 것입니다. 여러분과 제가 이 세계에 몰두하는 사람들과 함께 한 겹 넘어설 수 있기를 바라며 위대한 정신을 가진 선험자들의 눈으로 가늠할 수 있기를 바랍니다.

종묘 영녕전

그것은 처음에는 정의와 같은 언명으로 시작될 것입니다. 그리고 곧 줄거리를 갖는 이야기가 되고 그 이야기는 시간이 지나면서 더욱 충실한 내용으로 가득 차게 될 것입니다. 그래서 결국에는 역사가 될 것입니다. 역사는 시간이 필요한 이야기이고 구체화된 사실입니다. 사(史)는 중(中)과 우(又)가 모여서 만들어졌습니다. 중(中)은 신을 모실 때 쓰던 나뭇가지고 우(又)는 천문을 계산하던 막대를 잡은 손입니다. 그러므로 세상의 가장 중요한 일들을 듣고 기록하는 것입니다. 개인의 생각이 모여 이야기가 되고 그것이 역사가 되는 순간 우리가 알고 있는 모든 사실들은 진실이 됩니다. 그러므로 이야기(story)는 더 높고 고귀한 역사 이야기(History)가 될 수 있습니다. 생각해 보면 우리는 모두 자신 스스로를 만들어갑니다. 우리가 세계를 이해하고 그 이해의 방식을 구체화하고 훌륭하게 만들면 만들 수록 우리 자신도 그렇게 구체화되고 존재의 내용을 풍부하게 합니다.

예술은 거대한 문화의 일부이고 그것은 인간과 인간이 만나서 만들어낸 모습입니다. 건축은 두드러진 형태의 결과물이기 이전에 오랫 동안에 구축되고 실체화된 이야기입니다. 그 이야기는 사람들이 천천히 수천년간 자신의 삶을 변화시키면서 만들어낸 창조적 산물입니다. 우리가 살고 경험하고 느끼는 세계의 구축물 전체가 건축의 대상이며 동시에 우리 삶을 담는 그릇이고 행위의 배경이고 무대가 됩니다. 살아간다는 것은 바로 그러한 건축 속에서 산다는 것이고 건축하고 산다는 것입니다. 우리가 얻고자 하는 것은 바로 그러한 건축물 자체가 아니라 삶을 이해하는 것이고 무대이고 배경으로서 이해하는 것입니다. 그리고 삶의 풍부한 이야기입니다. 여러분과 내가 살아가는 동안 가장 행복하고 훌륭한 과정을 겪을 수 있는 바로 나를 둘러싼 모든 세계입니다.

2009. 6. 21. 장 정 제.

첫 번째 책 이야기

건축예술에 관한 논의

문자가 생긴 이래로 오랫 동안 건축은 예술로서 여겨져 왔습니다. 건축 예술은 형상과 그 배경 그리고 형태… 그 형태가 담고 비워두는 공간, 그 공간과 시간의 경험과 분절들, 인간의 존재와 가능성으로서의 장소와 행위의 장소, 다양한 사건과 경험의 이벤트적 건축을 위한 예술을 발전시켜 왔습니다. 건축을 예술이라 보고 있는 시각은 어떻게 시작되었으며 그러한 예술을 가능하게 하는 이론적 배경과 요소들은 무엇입니까? 건축을 예술로서 파악하는 일단의 예술가와 건축가들이 그 수단으로 삼고 있는 것은 무엇이며 우리가 예술이라 보고 있는 그 본질은 무엇입니까?

당산철교를 지나며… 여의도를 바라보고…

건축은 우리가 살아가는 삶의 무대이며 동시에 인간이 구축한 새로운 세계입니다. 그러므로 거의 모든 세계의 구조는 건축적 세계의 지평으로부터 시작됩니다. 건축은 나아가 인간이 판단하고 이해하는 것 너머의 감각과 감정을 표현하는 매개체이기도 합니다. 건축에는 인간의 지성과 의지적 감성이 함께 존재합니다.

I.M.Pei. Le muse du Louvre Pyramid.

그처럼 건축은 아주 오래 전부터 거대한 기술이며 동시에 예술의 안주인 혹은 모든 예술의 모태로 여겨져 왔습니다. 이 책은 바로 그러한 예술로서의 건축을 이해하기 위한 논의를 담은 대화입니다. 특정한 학파나 철학자, 미학자의 견해를 주장하는 것은 아니며 여러 생각과 가능성을 전달하고자 합니다. 이 책 [예술로서의 건축]은 [자유로운 건축], [개념의 구조로서 건축], [아름다운 건축], [알기 쉬운 건축]의 다음 이야기입니다. 그리고 여러 권의 [예술로서의 건축] 가운데 첫 번째 책입니다.

건축을 예술로서 파악하는 것은 매우 많은 견해의 한 줄기입니다. 건축을 형태로서, 구조로서, 기능으로서, 문화로서, 역사로서, 권력으로서 . . . 그 밖의 모든 관계로서 파악할 수도 있습니다. 그 이유는 건축이 인간의 삶을 담고 창조하고 그 결과로 구축된 인간의 정신적 물질적 세계를 담고 있기 때문입니다. 그 가운데 예술로서의 건축은 가장 근본적인 문제이고 인간의 의식과 존재에 관한 오래된 이야기 중 하나입니다.

예술로서의 건축은 어떠한 해석과 관점을 요구합니까 그리고 건축을 예술적일 수 있게 하는 많은 부분들은 어떠한 관계로 의미화되어 있습니까 그리고 건축은 과연 무엇으로 이해될 수 있습니까 ?

건축 예술의 구조적 이해

이 책은 여러 단락으로 이루어진 해석의 장입니다. 커다란 공을 바라보는 우리는 그 공의 뒷면과 그림자를 볼 수는 없습니다. 그러나 거대한 구체의 표면은 하나의 통일된 영역이고 동일한 표피 위에 존재합니다. 마치 여러 논의가 하나를 이루면서 건축을 의미하지만 언제나 공의 보이는 면만이 시각적으로 확인됩니다. 그러한 결과는 건축은 매우 복합적인 구조이고 그 구조를 바라보고 이해하는 방식이 매우 다면적이라는 것을 보여줍니다. 나는 이 책에서 건축이 예술로서 이해되고 그러한 지위를 얻게 된 여러 차원의 이야기를 기록하고 그 내용이 무엇인가를 소개하고자 했습니다.

그러나 그 이야기는 대부분 이미 위대한 이론가와 학자들 그리고 건축가들이 창조한 세계의 모습이고 그들의 이야기입니다. 이 이야기는 그러므로 우리 시대가 보고 있는 세계의 이야기입니다. 예술이 될 수 있다는 것은 그만한 수준과 이해의 폭을 얻을 수 있었다는 것을 의미합니다. 지금으로부터 오래 전 예술은 단지 기술이었으며 우리가 알고 있는 숭고하고 아름답고 고상하고 감각적인 활동과 작업 그리고 그러한 경험과 의식은 존재하지도 않았습니다. 예술은 최근에 생겨난 모습입니다.

이러한 건축적 위상은 다음으로 나누어 이해하게 될 것입니다.

1. 건축 예술과 위상 그리고 그 범위에 관한 일반적인 논의

2. 건축 형태를 포함한 조형 그리고 형태 원리에 관한 논의

3. 건축 공간과 시간의 가치와 발전 그리고 그 미학적 차원에 관한 논의

4. 건축을 디자인하고 체계화하기 위하여 구축한 이성적 도구에 관한 논의

5. 인간의 근본적 감각과 그로부터 생겨난 다양한 건축적 감각과 지각에 관한 논의

6. 건축가의 형성과 건축 예술의 의미 그리고 창조의 개념과 형식에 관한 논의

7. 건축을 발전시켜온 역사, 기능, 인문학적 배경, 장소에 관한 논의

8. 건축을 예술로 창조해 왔던 이론의 개념과 역사에 관한 논의

최종적으로, 언어로서 이해하고 구조화할 수 있는 건축을 설명하고자 합니다.

이 논의들은 건축을 다차원적인 층위로 이해할 수 있는 가능성을 제공합니다. 건축은 바로 다차원적인 구조의 세계입니다. 그러한 차원을 구분하고 이해하는 것은 그 관계를 이해하는 것이기도 합니다. 여러 이야기가 어떻게 서로 상호작용하고 관계를 지니는가를 이해할 수 있게 됩니다. 이러한 시도를 통하여 여러분이 더 폭넓고 깊이있는 세계를 구축할 수 있기를 바랍니다.

어떻게 보면 이러한 방식은 구분할 필요가 없을 수도 있고 혹은 더 많이 구분해야 한다고 여길 수도 있습니다. 그리고 그것을 어떻게 이해하는가도 너무나 많은 가능성을 지니고 있습니다. 그러므로 지난 수세기 동안 인간은 자유로운 건축을 꿈꾸고 실현해 왔습니다. 결국 건축에서 얻어진 자유는 인간의 자유이고 우리 자신이 가능성과 세계를 확대한 것입니다. 그러한 의지는 세계를 변화시켜 왔습니다. 이 모든 이야기의 끝은 인간이 스스로를 발전시키고 탐구해 온 역사입니다. 결코 그 어떠한 대단한 진리와 비밀을 얻기 위한 것이 아니라 우리 자신이 어떠한 사람이고 누구이며 어디로 가는가에 대한 궁극적인 해답과 맞물려 있습니다. 그리고 쉽게는 바로 나 자신에게 즐거움과 가치를 선사하기 위한 노력입니다. 이 책을 통하여 여러분이 보고자 하는 세계와 자신의 위치를 얻을 수 있다면 그 무엇보다도 훌륭한 목적을 달성한 것이라는 생각입니다. 이 책이 여러분과 제게 그러한 기회가 될 수 있기를 바랍니다.

1. 예술의 탄생

판도라의 상자

무모하지만 많은 사람들이 고대로부터 인간의 능력을 넘어서고 싶어 했습니다. 사물을 있는 그대로가 아닌 이상의 것으로 혹은 그 깊은 곳으로, 숨겨진 이야기와 비밀이 존재하는 보이지 않는 곳으로, 감정을 전하는 살아있는 것으로, 인간이 스스로 무엇인가를 표현할 수 있는 대상으로 보기 시작했습니다. 그것, 예술의 씨앗은 수천년 전부터 이 세계에서 더 나은 무엇인가를 기대하고 변화시키려는 의지와 의미를 찾고 그것이 존재하고 있다는 믿음으로부터 시작되었습니다. 그렇기 때문에 예술은 신성한 믿음과 세계의 이해, 지혜, 자연과 조화라는 통일된 원시 세계관과 하나로 결합되어 있었습니다. 인간은 창조하기를 바라며 그 창조를 넘어서 흔적을 남기고 세계를 가꾸고자 했습니다. 그 세계를 받아들이고 기원하고 평화로운 삶과 세계를 요구했습니다. 그것은 대단한 매력이고 마력이며 열정이었습니다.

이 세계를 바꾸고 생명을 얻게 하는 예술의 마력은 어디서 시작된 것일까요 그것은 인간으로부터 시작된 것일까요 아니면 세계로부터 시작된 것일까요

Stonehenge. Salisbury Plain. C. 2000 B.C.

현대의 예술과 건축 역시 그러한 기원과 다르지 않습니다. 그리고 오늘날 우리가 기대하는 예술의 개념과 다르지 않습니다. 여전히 우리는 감동을 주고 쾌락을 얻고 천재적인 작품과 불가사의한 작품, 놀라운 기술과 경이로움에 예술이라는 이름을 붙이고 있습니다. 가장 고차원적인 예술의 경지로부터 일상에 이르기까지 삶의 경험과 인간의 능력을 풍부하게 하고 세계를 바라보는 시각과 질서를 확대해 줄 수 있는 모든 것이 예술이라는 범위에 포함되었습니다. 그리고 그것을 발견할 수 있는 개인의 능력이 발전하였습니다. 스스로 세련되고 아름답고 균형있고 조화로운 세계를 발견하고 창조하고 가꾸어 가는 동안 많은 대상들이 예술 작품이 되었습니다.

오늘날 거창하고 숭고하던 놀라운 경지의 예술은 일상의 일부가 되었습니다. 일단 예술이 세상을 변화시키기 시작하자 모든 것은 한꺼번에 변화하였습니다. 그 변화는 멈출 수 없는 것처럼 거세고 이 세상 사람 모두의 눈과 마음을 변화시키고 있습니다. 이제 그 열려진 판도라의 상자로부터 세상을 삼킬 만한 모든 감각과 의미들이 뛰쳐나오게 되었습니다.

경외 예술의 모태

어느 날 우리는 놀라운 세계를 보았습니다. 그것은 경이로운 자연의 모습이고 이야기였습니다. 인간은 이 세계가 무섭고 거칠고 강력한 힘으로 움직이고 그 안에서 자신의 존재를 유지하는 것이 쉽지 않다는 것을 깨달았습니다. 그리고 자신이 자연의 일부임을 깨닫고 있었을 것입니다. 그 자연은 스스로 변화하고 움직이고 다시 원래의 모습을 찾는 것이며 그러한 자연의 내부에 숨겨진 힘… 위대한 신과 절대적인 비밀이 존재하는 것으로 여겨졌습니다. 세계는 거대한 신비였습니다.

세계의 모든 사물들과 존재하는 것들은 모두 자연이 가지고 있는 그대로의 질서를 잘 따르고 있었습니다. 매일 떠오르는 태양과 밤과 낮, 달이 차고 기우는 시간, 그리고 봄 여름 가을 겨울, 비와 가뭄, 홍수, 바람에 의하여 삶의 무대가 변화한다는 것을 잘 알고 있었습니다. 강이 흐르고 파도치는 바다와 눈이 내리고 얼음이 녹아내리는 신비스러운 반복과 차이에 감동했습니다. 그들은 이 세계가 가진 본질에 대하여 깊은 관심과 이해를 얻고자 했습니다.

인간은 세계를 어떻게 느끼고 인정하기 시작했을까요 세계는 아름다움 자체입니까 혹은 불안일까요 과연 예술은 스스로 존재했을까요

그들에게 자연은 경이로움 이상의 힘이고 거부할 수 없는 실체였습니다. 동시에 그들은 두려움과 감탄을 함께 느끼게 되었습니다. 이 세계는 끊임없이 넓고 거칠고 힘겹고 변화하고 살아있는 것 그 자체였습니다. 이 세계는 스스로 거부할 수 없는 위대한 존재였습니다. 그 어느 곳도 같은 장소는 없었습니다. 모든 것이 인간에게는 새롭고 신기한 것이었습니다. 그리고 그 곳마다 다른 환경에 적응하여야만 했습니다.

그들에게 척박한 세계는 험하고 힘겨운 생명의 터이고 무서움과 두려움의 장소였습니다. 그것은 분노이고 잔인함이었습니다. 자연은 시간에 따라 변화하고 환경과 날씨를 바꾸며 그 힘을 드러내 주었습니다. 인간은 그 살아 움직이는 대자연의 신에게 자신의 안녕을 기원하게 되었습니다. 그 자연의 순환과 변화를 이해하고 대처하고자 했습니다.

인간은 하늘 높이 솟아 오른 거대한 산과 구름 그리고 자연의 힘에 굴복하였으나 동시에 그것을 경외하고 그 힘과 경이로움을 마음에 새겨두었습니다. 세계의 크고 깊고 넓고 높은 모든 것이 인간에게는 신비한 힘이었습니다.

밤은 더욱 무섭고 감당할 수 없는 힘을 가진 은밀한 자연의 시간이었습니다. 그들에게 밤과 낮의 변화는 서로 다른 세계... 빛과 어둠... 희망과 좌절... 자유와 속박... 그렇게 구분되었습니다. 시간은 거스를 수 없는 진실이고 인간은 그 힘에 따를 수 밖에 없었습니다. 그리고 이 모든 것을 관장하는 모든 것에 대한 두려움의 대상이 존재하듯이 알지 못하는 힘의 주체가 느껴지기 시작했습니다. 이 우주 전체는 하나의 커다란 생명체였습니다. 인간은 그 안에서 조화롭게 스스로를 유지하고 호흡하는 미미한 존재였습니다. 세계의 모든 존재가 그러한 커다란 힘에 따르고 있었습니다. 그 힘은 결코 인간이 넘어설 수 없고 의심해서도 안 되는 것이었습니다.

이 세계는 상상할 수 없이 많은 생명체로 가득차 있었고 그 모든 것은 나름의 방식으로 자기 존재를 유지하고 있었습니다. 인간 역시 그 나름의 방법을 이해하고자 했고 비밀스러운 힘과 진실을 깨닫고자 했습니다. 그 어떤 동물들은 너무나 강한 힘과 송곳니, 커다란 발톱을 가지고 있었습니다.

그 놀라운 모습과 용기는 인간이 경외하고 얻고 싶고 경외하던 비밀스러운 힘이라 여겼습니다. 그들은 모두 이 자연을 진정으로 이해하고 느끼고 있었습니다. 인간은 자신들을 지키기 위해 맹수와 싸우면서도 그 모습과 힘을 얻고자 했습니다. 그렇게 많은 생명과 정신은 이 지구상에 존재하는 거대한 조화의 일부이고 모두 나름의 방식을 갖는 것이라 여겼습니다.

인간은 거대한 바다와 파도 그리고 그 곳에 가득한 생명들에 놀라워 했음이 분명합니다. 그들은 그것이 세계가 그들에게 선사하는 선물이고 자신의 생명을 유지할 수 있는 소중한 것임을 깨달았습니다. 세계와 그는 하나이고 또 전체이고 함께 조화로운 관계를 유지해야 하는 의미있는 동등한 존재였습니다. 그러면서도 그 한계를 넘어 서고자 하기도 했습니다.

강과 산에도 숲에도 개천에도 높은 고원과 동굴 속에서도 그들은 자신들이 어떻게 살아가야 하는가를 궁리했습니다. 그것을 자연, 힘, 신비, 섭리, 운명 . . . 혹은 신, 신령이라 부르고 따르기 시작했습니다. 그것은 세계의 진리이고 동시에 종교이며 삶의 방식이고 존재적 윤리가 되었습니다.

인간에게 세계는 어떠한 모습입니까 인간에게 자신들의 사회와 부족, 여러 관계는 나름의 세계를 가지고 있었습니까 혹은 그들에게 세계는 오로지 자연 뿐이었을까요

¿

그들은 위대한 자연이 자신들을 보호하고 거친 힘과 악령 그리고 맹수로부터 자신과 종족이 보호받기를 기원하였습니다. 이 세계는 모두가 신령스러운 경외의 대상이었지만 인간은 그 안에서 너무나 외소한 존재였습니다. 인간은 자신들이 더 많은 식량을 얻기를 기원하고 더 많은 자손을 얻기를 기원했습니다.

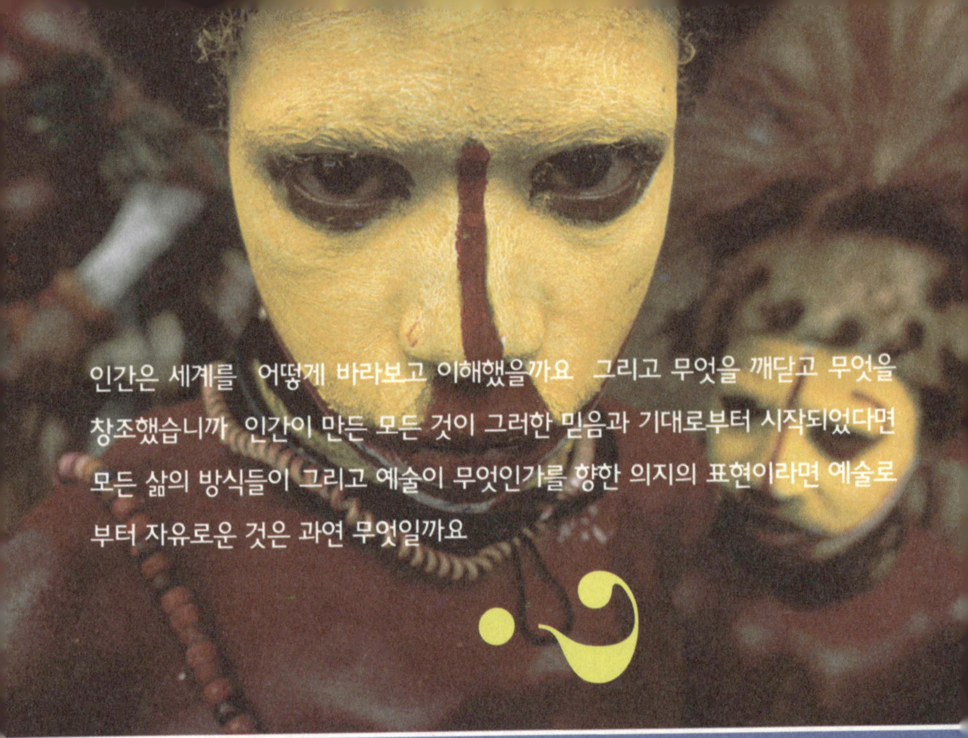

인간은 세계를 어떻게 바라보고 이해했을까요 그리고 무엇을 깨닫고 무엇을 창조했습니까 인간이 만든 모든 것이 그러한 믿음과 기대로부터 시작되었다면 모든 삶의 방식들이 그리고 예술이 무엇인가를 향한 의지의 표현이라면 예술로부터 자유로운 것은 과연 무엇일까요

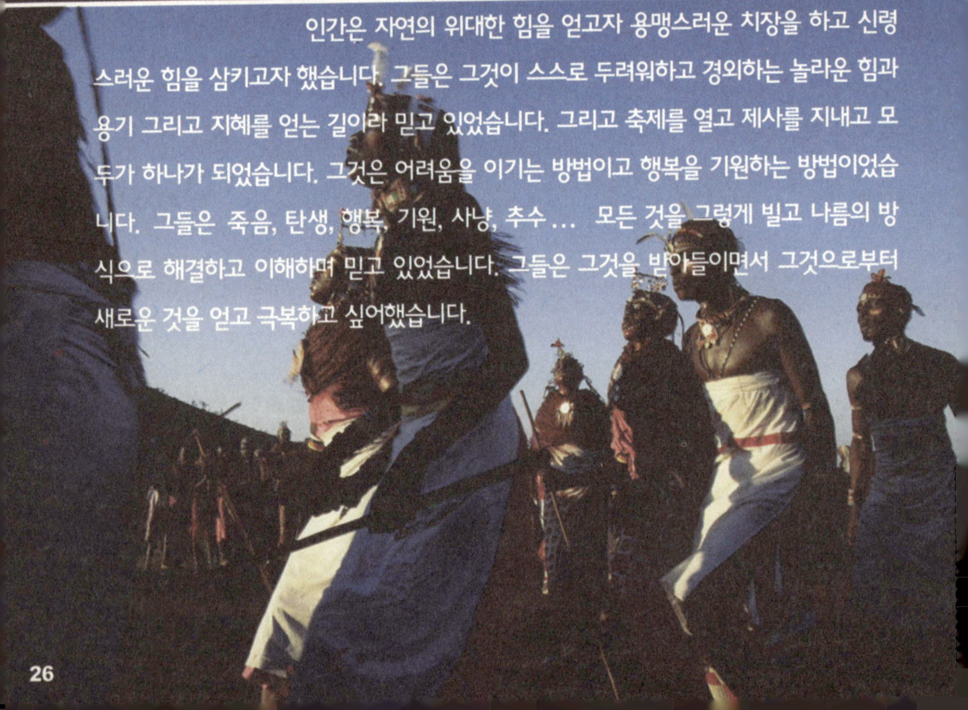

인간은 자연의 위대한 힘을 얻고자 용맹스러운 치장을 하고 신령스러운 힘을 삼키고자 했습니다. 그들은 그것이 스스로 두려워하고 경외하는 놀라운 힘과 용기 그리고 지혜를 얻는 길이라 믿고 있었습니다. 그리고 축제를 열고 제사를 지내고 모두가 하나가 되었습니다. 그것은 어려움을 이기는 방법이고 행복을 기원하는 방법이었습니다. 그들은 죽음, 탄생, 행복, 기원, 사냥, 추수 ... 모든 것을 그렇게 빌고 나름의 방식으로 해결하고 이해하며 믿고 있었습니다. 그들은 그것을 받아들이면서 그것으로부터 새로운 것을 얻고 극복하고 싶어했습니다.

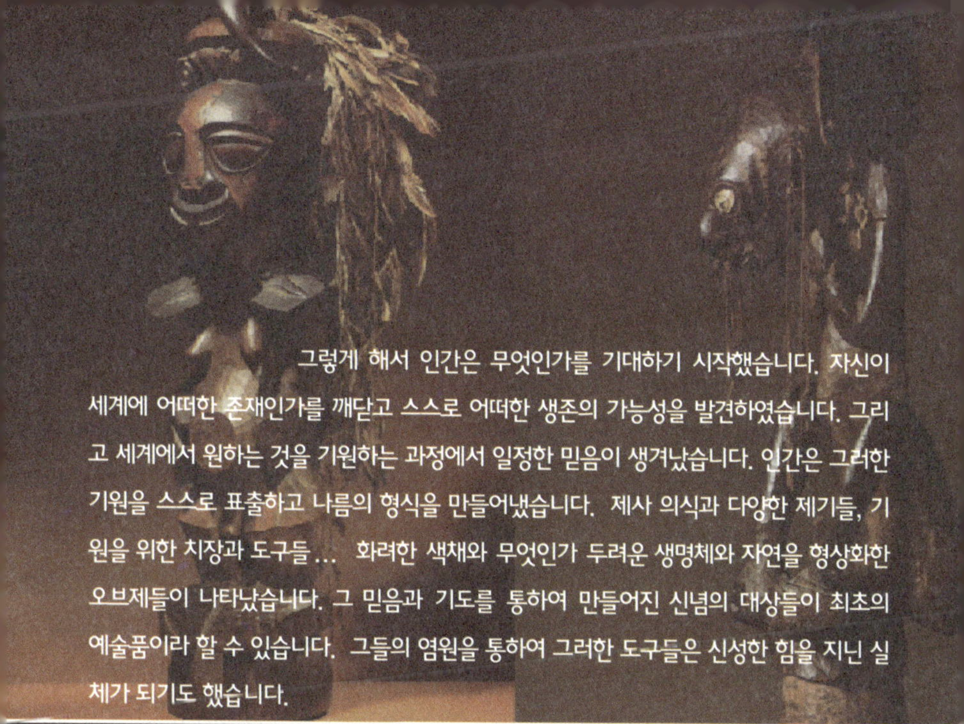

그렇게 해서 인간은 무엇인가를 기대하기 시작했습니다. 자신이 세계에 어떠한 존재인가를 깨닫고 스스로 어떠한 생존의 가능성을 발견하였습니다. 그리고 세계에서 원하는 것을 기원하는 과정에서 일정한 믿음이 생겨났습니다. 인간은 그러한 기원을 스스로 표출하고 나름의 형식을 만들어냈습니다. 제사 의식과 다양한 제기들, 기원을 위한 치장과 도구들… 화려한 색채와 무엇인가 두려운 생명체와 자연을 형상화한 오브제들이 나타났습니다. 그 믿음과 기도를 통하여 만들어진 신념의 대상들이 최초의 예술품이라 할 수 있습니다. 그들의 염원을 통하여 그러한 도구들은 신성한 힘을 지닌 실체가 되기도 했습니다.

인간은 그들이 원하는 바를 동굴의 벽에 채색된 그림으로 남겼습니다. 그것은 살아있는 기원이고 존재하여 꿈틀거리는 생명체였습니다. 그들이 그려 놓은 그림은 들판에 있는 짐승을 비슷하게 그린 것이 아니고 진정한 들판의 짐승 자체였습니다. 그래서 그 그림에 염원을 담고 있으며 그들은 신성한 자연의 힘을 자신들이 표현할 수 있다고 믿었습니다. 주술적일 수도 있지만 그것이 그들이 옮기고자 하는 진정한 비밀이었습니다. 그 비밀은 삶의 신념이고 믿음이며 삶의 방식을 옮긴 것이었습니다. 그들이 믿고 있는 바는 스스로의 의지대로 표현되고 변화하였습니다. 그렇게 되면서 스스로 세계 내에 자신의 존재를 각인시키고 표현하고 무엇인가 만들어내기 시작했습니다.

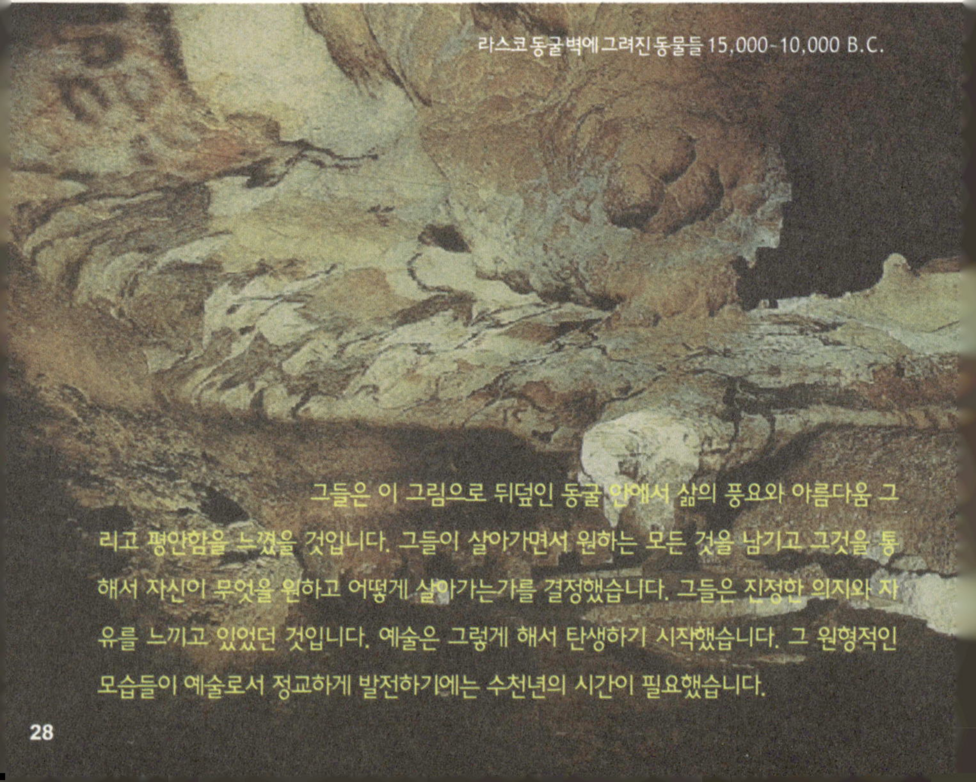

라스코 동굴 벽에 그려진 동물들 15,000~10,000 B.C.

그들은 이 그림으로 뒤덮인 동굴 안에서 삶의 풍요와 아름다움 그리고 평안함을 느꼈을 것입니다. 그들이 살아가면서 원하는 모든 것을 남기고 그것을 통해서 자신이 무엇을 원하고 어떻게 살아가는가를 결정했습니다. 그들은 진정한 의지와 자유를 느끼고 있었던 것입니다. 예술은 그렇게 해서 탄생하기 시작했습니다. 그 원형적인 모습들이 예술로서 정교하게 발전하기에는 수천년의 시간이 필요했습니다.

Great Sphinx. Giza. c. 2530 B.C.

Ziggurat. Ur. c. 2100 B.C.

그들은 상징적인 구조물도 만들어냈습니다. 그들이 무엇인가를 기원하고 신성한 의미를 담고자 창조한 인공의 구조물은 인간의 의지를 표현한 위대한 작품으로 남았습니다. 그것은 그 시대의 사회와 문화를 대변하는 것이었습니다. 또 그들의 종교를 대변하는 것이었습니다. 고대의 거대한 건축물들은 그렇게 탄생되었습니다.

Mortuary Temples of Mentuhotep and Hatshemsut. Deir el Bahari. c. 2060 B.C.

예술 풍요의 구축

오늘날 예술은 감각으로부터 시작된 세계의 틀을 형성하고 있습니다. 가늠할 수 있는 경계는 점점 더 확대되고 더 넓은 세계를 감각을 통하여 이해하고 새로운 세계를 구축하고 있습니다. 우리는 감각을 통하여 세계를 경험하고 지각하며 인식하고 이해합니다. 그렇게 이해된 세계는 새로이 창조된 세계입니다. 창조된 세계는 인간이 스스로의 의지를 통하여 세계에 의미를 부여하고 창조함과 동시에 그러한 세계를 받아들이고자 하는 것입니다. 우리에게 더 많은 이해의 통로가 열리고 가능성이 생겨나면서 그 안에 웅크리던 예술의 정신은 삶의 전체로 확대되었습니다. 건축은 그러한 구체화된 세계를 대변하는 가장 강력한 물리적 구조물입니다. 예술로서의 건축은 인간이 이해할 수 있는 지평의 끝을 넓히고 그 세계 내에서 모든 것을 감각할 수 있는 대상으로 새로이 잉태시켜 줍니다. 그렇게 함으로써 그러한 삶의 무대 위에서 개개인의 경험은 생명을 얻고 풍요로워집니다. 이 세계가 더욱 첨예한 감각으로 무장할 수록 우리의 삶은 더욱 더 생기가 넘칠 것입니다.

인간은 어떠한 방식으로 세계를 감각하고 이해하기 시작했을까요 인간이 느끼는 세계는 어떠한 내용입니까 그리고 감각의 내용은 무엇입니까

감각은 물리적인 세계 뿐 아니라 정신적이고 감각적인 이미지의 세계와 공간을 만들어내는 뿌리이고 줄기입니다. 여러분이 가지고 있는 예민한 감각과 마음의 감정, 생각들, 감동, 열정, 희망, 지각, 의지가 모두 세계를 구체화하는 도구이자 표현이 될 수 있습니다. 그렇게 해서 단지 존재하는 세계는 여러분과 교감할 수 있습니다. 세계가 풍부해지고 다양해진다는 것은 그것과 상호작용하는 우리 자신의 삶이 풍요로워진다는 것을 의미합니다.

인간이 인식하고 감각하는 것은 그러한 능력을 가지고 있기 때문입니다. 그러한 것으로 감각, 지각, 상상력, 기억, 오성, 이성, 비판력, 조작력 등을 가지고 있습니다. 그 가운데 감각을 뜻하는 그리스어 aistehesis는 오늘날 운동선수(athlete), 미학(aesthetics)으로 남아 있습니다. 라틴어로는 sensus이고 오늘날에는 sense입니다. 혹은 aisthesis는 감성을 뜻하기도 하고 감수성, 감각작용을 의미하기도 합니다. 영어로는 sensitivity와 sensibility입니다. 본래 같은 어원에서 시작되었으나 두 단어는 서로 다른 의도를 가지고 있습니다. sensitivity가 인간의 성격에서 드러나는 감각의 측면이라면 sensibility는 인식론적으로 인간의 지각가능성(intelligibility)과 대응하는 단어입니다. 그러므로 실제로 sensibility는 감각가능성이라 하는 것이 좋습니다. 인간은 분명 이 세계를 감각하고 감동하고 감정을 느낍니다. 이 우주에 존재하는 모든 감각의 내용은 인간이 만들고 부여한 세계입니다. 그러므로 인간이 세계의 존재를 창조하는 것이고 우주를 살아있게 합니다.

감(感)은 어떠한 것을 느끼고 그것에 살아있는 의미와 존재적 표현을 느낀다는 것입니다. 그러나 각(覺)은 그러한 감(感)을 통하여 우리의 의식이 일깨워지고 마음이 깨어나고 이해하고 알게 된다는 것을 의미합니다. 감각(感覺)은 중요한 인식의 과정을 보여주는 것입니다. 우리가 감각할 수 있다(sensibility)는 것은 그러한 인식의 과정이 가능하다는 것을 의미합니다. 감각할 수 있다는 것은 느낌을 통하여 세상을 깨닫고 이해하는 것입니다. 세상은 그러한 인간의 감각을 통하여 생명을 얻습니다. 그리고 인간은 스스로 살아있음을 고양시킵니다. 감각을 얻지 못하는 것은 관심 밖의 대상이고 존재하지 않는 것과 마찬가지입니다. 따라서 감각을 일깨워 세상의 의미를 받아들이는 과정의 표현으로서 예술은 이 세계를 가치있게 하고 아름답게 하며 우리 자신의 세계를 풍요롭게 하는 것입니다. 감각의 작은 차이와 관심 그리고 반응으로 깨어나는 감정이 세계를 바꾸어 줍니다. 아마도 맨 처음 이 세계를 경외하고 느끼고 살아있게 했던 고대인은 우주를 진정으로 이해하고 깨닫는 동안 풍부한 삶을 누리고 있었을 것입니다.

지각(知覺, perception)은 감각(sensation)을 포착하고 이해하고 깨닫는 전체 과정을 일컫습니다. 지각은 이론적이고 개념적인 이성의 인식(認識)과정 사이에 존재합니다. 즉 세계는 감각(感覺) - 지각(知覺) - 인식(認識)의 과정을 거쳐 내재화됩니다. per + ception에서 per는 과정이며 ception은 잡다, 깨닫다, 내재화하다는 것입니다. 그러므로 지각(知覺)은 내재화의 과정을 의미합니다. 지각을 통하여 얻어진 내용을 분석하고 개념화하면 인식(認識)이 이루어집니다. 인식이란 늘 단순한 지각의 차원 이상의 것을 함축하게 됩니다. 즉 이성은 감각을 통하여 드러난 세계를 한 차원 높게 형식화하고 구조화합니다.

창덕궁 연경당

여러분은 항상 감각을 일깨우고 세상을 느끼고 받아들이고 있습니까 이 세계가 살아있고 풍요롭다는 것을 깨닫고 여러분의 삶도 행복하고 풍부하게 가꾸고 있습니까 예술은 그러한 개인의 능력과 노력으로부터 시작됩니다.

오늘날 그러한 감각의 세계가 세계를 더욱 풍요롭게 만들고 있습니다. 그 결과는 실로 엄청난 문화를 창조한 것입니다. 그것은 모두 예술의 씨앗입니다.

예술이 그러한 자기 표현의 도구이고 인간은 자유로운 존재라는 사실이 받아들여지자 새

세계는 인간의 창조의 무대이고 삶의 무대이고 자유로운 배경이 될 수 있었습니

세계가 펼쳐졌습니다. 인간은 자신이 의지와 감정을 자유롭게 표현하기 시작했습니다.

동시에 그러한 세계의 창조는 인간의 가능성과 삶을 드러내는 도전이었습니다.

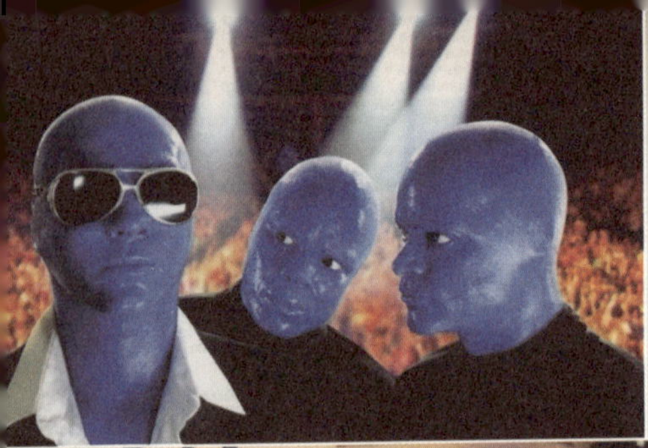

이 시대의 모습은 과연 무엇을 드러내는 것이고 우리가 보여주는 가치는

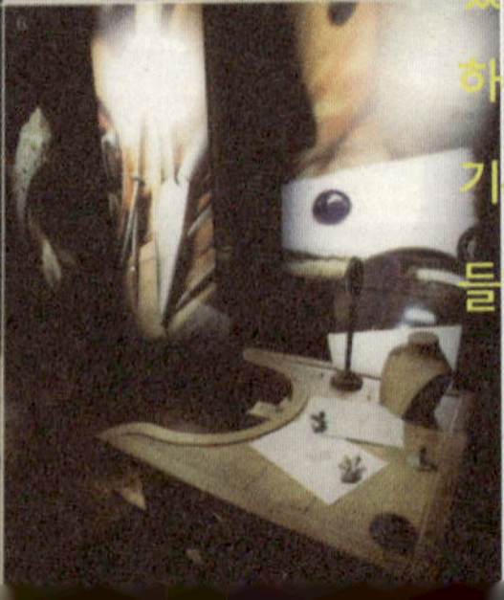

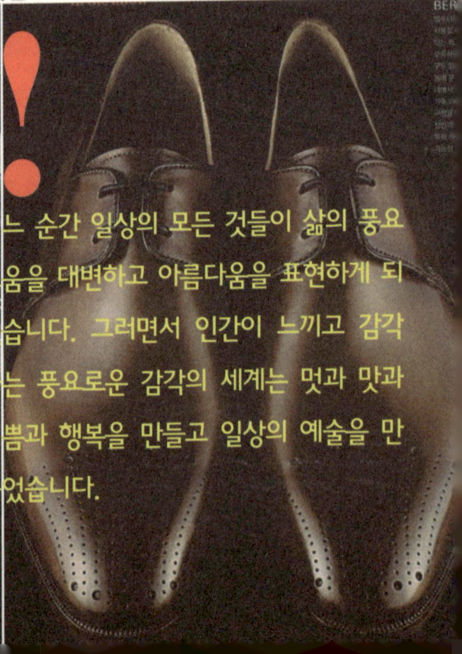

!

어느 순간 일상의 모든 것들이 삶의 풍요로움을 대변하고 아름다움을 표현하게 되었습니다. 그러면서 인간이 느끼고 감각하는 풍요로운 감각의 세계는 멋과 맛과 기쁨과 행복을 만들고 일상의 예술을 만들었습니다.

오늘날 예술은 그림과 조각, 음악과 무용, 건축과 같은 전통적인 범주의 장르에 국한되지 않습니다. 이제 우리 모두가 예술의 주체가 될 수 있고 우리의 삶은 당연히 그 예술의 품에 안기게 되었습니다.

어떠한 깊이와 기준을 가지고 있습니까? 그것은 순수한 것입니까?

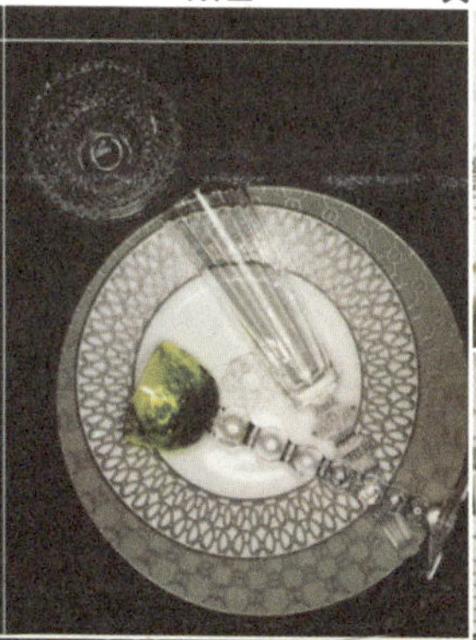

사람들은 자신의 삶을 풍요롭게 하는 방식을 찾았습니다. 그것이 소비와 생산 그리고 문화를 만들어낸다는 것도 알았습니다. 그들이 그 주인공이고 그 문화를 누리고 싶어 합니다. 이 세계의 예술은 수천년 동안과는 다른 국면에 도달했습니다.

감각의 소통은 분명 건축에 있어서도 놀라운 변화를 가져 왔습니다. 건축은 숭고한 정신과

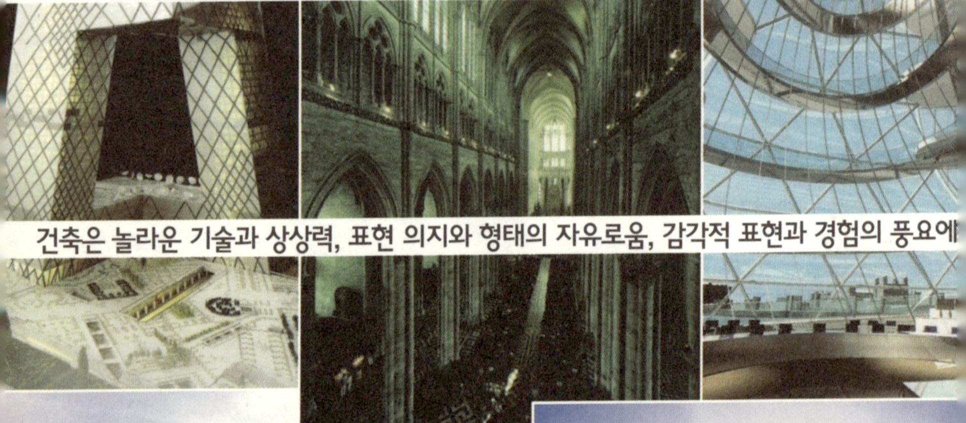

건축은 놀라운 기술과 상상력, 표현 의지와 형태의 자유로움, 감각적 표현과 경험의 풍요에

위대한 힘을 지닌 상징적 구조물이었습니다. 오늘날 건축은 그 자유로운 세계를 창조합니다.

의하여 진정한 예술이 되었습니다. 마치 조각이나 회화처럼 진정한 자유를 얻은 것입니다.

존재하든 그렇지 않든, 혹은 기원이든 기억이든 그 어떠한 도취와 감각을 일컫는 수많은 환영의 기원은 무엇이고 건축가는 환상으로부터 무엇을 얻어 왔습니까 과연 건축은 무엇을 구체화하고 있습니까

Fantasy, Illusion, Vision, Phantasm, Hallucination, Dream, Reverie, Delusion . . . . . . 환상, 환영, 공상, 망상 . . .

환상의 도가니

이 세계에 존재하는 모든 것, 혹은 이미 있는 것의 규범과 형상을 이해하고 따르는 것은 새로운 것을 창조할 수 없습니다. 그 새로움이란 거대한 환영과 상상의 도가니입니다. 그 안에서 자신만의 빛나는 세계를 창조하지 못한다면 우리는 아무것도 얻을 수 없습니다. 그 놀라운 세계는 새로운 세계이고 나의 세계입니다. 우리가 책을 읽거나 그림을 감상하거나 시를 음미하거나 음악에 도취되거나 조각품에 도취될 때 나를 잊고 들어서는 세계입니다. 그것은 환상이고 감동이고 진실이고 감각이며 구축된 세계입니다. 그 놀라운 환상들은 실제의 진실을 통하여 구축됩니다. 우리가 보고 있는 건축물은 단지 철, 콘크리트, 나무, 플라스틱으로 이루어진 물리적 구조체에 지나지 않습니다. 그러한 실체를 하나의 의미로 구축하고 살아 움직이게 하고 누군가의 마음을 움켜잡고 감정을 들추고 환상의 대상으로 만들고 예술작품으로 만들어내는 것은 바로 여러분의 상상과 경험입니다.

그러한 환상을 실체화하고 구체화하는 것은 여러분이 건축을 그 자체로 가장 훌륭한 감동의 대상이 될 수 있고 그것은 단지 드러나는 것 이상이 될 수 있기 때문입니다. 그러한 가능성은 인간이 오랫 동안 가져온 거대한 신화의 부분이기 때문입니다. 우리가 감각하고 이해하는 것 이상으로 오래 전부터 감탄하고 춤추고 축제하고 마시고 노래하고 그것을 숭상하던 고대로부터의 의식과도 맞닿아 있습니다.

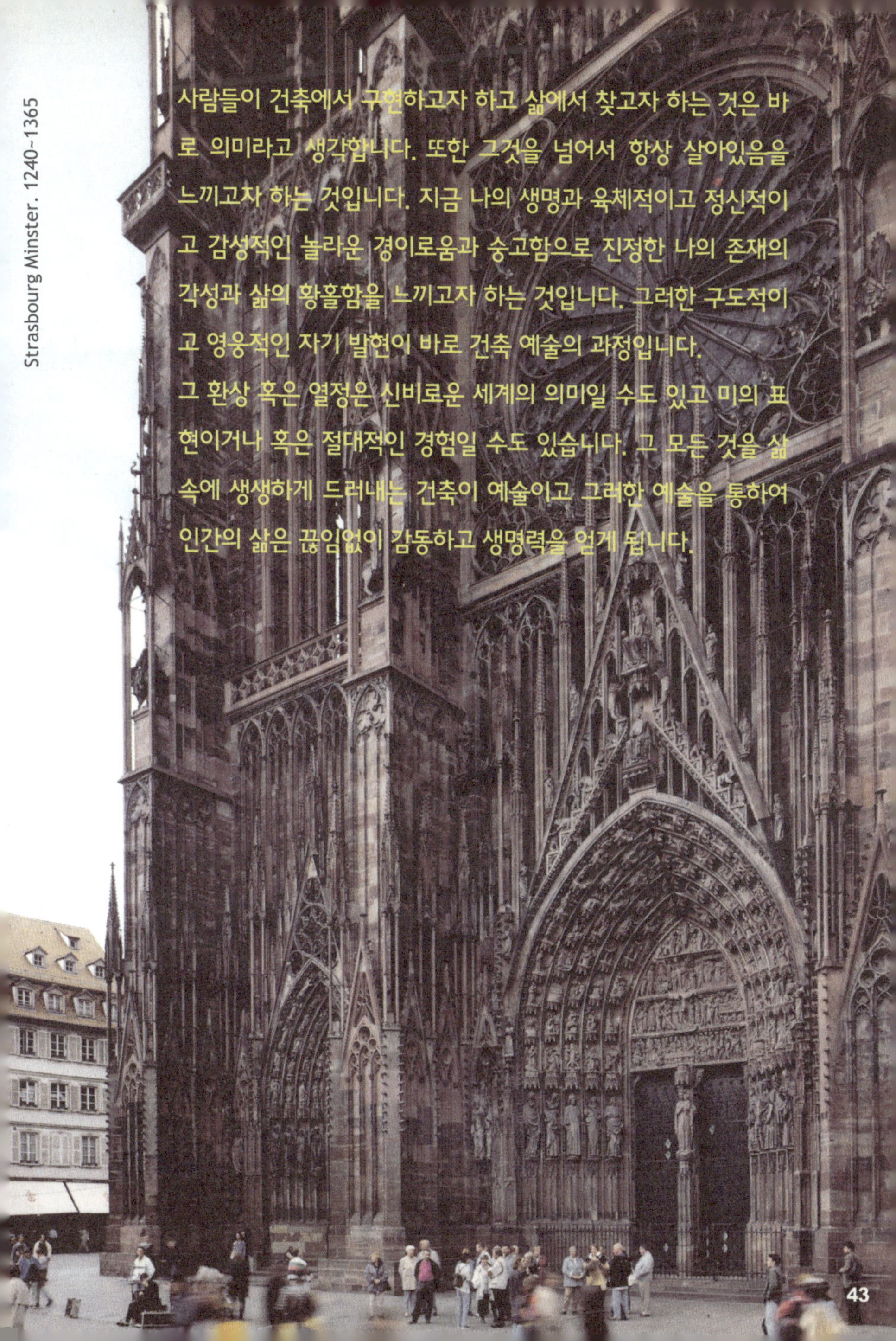

Strasbourg Minster. 1240~1365

사람들이 건축에서 구현하고자 하고 삶에서 찾고자 하는 것은 바로 의미라고 생각합니다. 또한 그것을 넘어서 항상 살아있음을 느끼고자 하는 것입니다. 지금 나의 생명과 육체적이고 정신적이고 감성적인 놀라운 경이로움과 숭고함으로 진정한 나의 존재의 각성과 삶의 황홀함을 느끼고자 하는 것입니다. 그러한 구도적이고 영웅적인 자기 발현이 바로 건축 예술의 과정입니다.

그 환상 혹은 열정은 신비로운 세계의 의미일 수도 있고 미의 표현이거나 혹은 절대적인 경험일 수도 있습니다. 그 모든 것을 삶 속에 생생하게 드러내는 건축이 예술이고 그러한 예술을 통하여 인간의 삶은 끊임없이 감동하고 생명력을 얻게 됩니다.

Lion's Gate. Mycenae. B.C.1300

Taji Mahal. 1630~1653

The Kiosk of Trajan. A.D.1~2C

Emperor's Forum. Rome. B.C. 27 ~ A.D. 14

Duomo di Pisa. 1063~1272

그러한 모든 것이 예술의 부분이 됩니다. 인간이 이성을 통하여 세계를 구축하고 이해하고 구조화하면서 잃어버린 것만 같았던 신화의 세계, 상징의 세계, 무의식의 세계는 지금도 꿈틀거리며 돋아오르고 있습니다. 그러한 세계의 축제가 매 순간 우리를 아름다움 이상의 것으로 만들어 줍니다. 아름다움을 비례 이상으로 만들고 재료의 놀라운 질감에 생기를 불어 넣게 합니다. 그것은 단지 역동적인 것이 아니라 살아 움직이고 날아오르고 나의 이상과 꿈을 싣고 기대하고 희망을 움켜잡고 있습니다. 그러므로 우리는 언제나 위대한 건축물이 담고 있는 신성한 공간을 숭상하고 있고 그 공간에서 살아있는 인간 스스로를 느끼게 됩니다.

수많은 건축물들은 피그말리온의 꿈과 같습니다. 생명을 얻고 살아 움직이고 가장 아름다운 실체가 되는 것입니다. 그러나 여전히 건축가의 상상력과 창조력은 아직도 수많은 가능성을 탐험하지 못한 것으로 여겨집니다. 그 놀라운 생명과 감동은 단순히 요소들의 구성과 집합만으로 통합된 유기적 건축을 생산할 수는 없습니다. 살아 숨쉬고 감동을 선사하고 나름의 의미와 가치를 지니는 건축은 또 다른 생명력에 의한 것입니다. 그것은 많은 예술가들이 얻고자 하는 바로 그것이었습니다.

우리가 그것을 형태라 부르고 비례라 부르고 공간이라 부르고 예술이라 부르고 아름다움이라 부르겠지만, 그것은 단순히 구축할 수 없는 또 다른 차원임에는 틀림이 없습니다. 마치 우리의 몸체를 여기저기에서 모아온 부분들로 묶어 프랑켄슈타인을 만들어낸다 하더라도 생명력을 부여하고 아름다움을 부여할 수 없는 것과 마찬가지입니다. 그래서 우리는 이성적 이해와는 다른 새로운 부분에 관심을 둘 수밖에 없습니다. 그것은 바로 예술의 혼이고 인간이 꿈꾸는 열정입니다. 그것은 아름다움입니다. 감동이고 즐거움입니다. 건축물 자체가 가진 예술적 가치에 눈을 돌리게 됩니다.

Bramante. Tempietto. Rome. 1502.

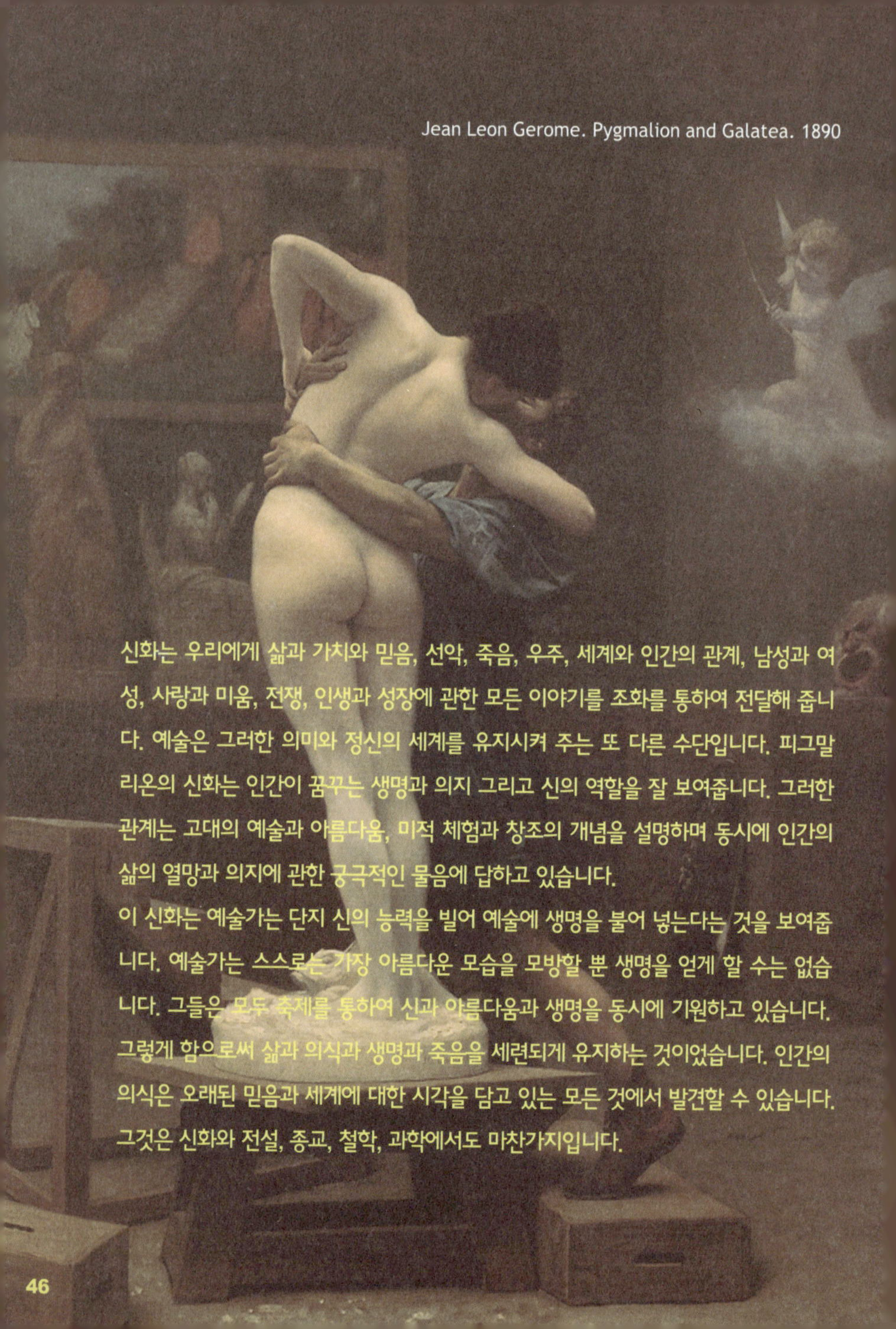

Jean Leon Gerome. Pygmalion and Galatea. 1890

신화는 우리에게 삶과 가치와 믿음, 선악, 죽음, 우주, 세계와 인간의 관계, 남성과 여성, 사랑과 미움, 전쟁, 인생과 성장에 관한 모든 이야기를 조화를 통하여 전달해 줍니다. 예술은 그러한 의미와 정신의 세계를 유지시켜 주는 또 다른 수단입니다. 피그말리온의 신화는 인간이 꿈꾸는 생명과 의지 그리고 신의 역할을 잘 보여줍니다. 그러한 관계는 고대의 예술과 아름다움, 미적 체험과 창조의 개념을 설명하며 동시에 인간의 삶의 열망과 의지에 관한 궁극적인 물음에 답하고 있습니다.

이 신화는 예술가는 단지 신의 능력을 빌어 예술에 생명을 불어 넣는다는 것을 보여줍니다. 예술가는 스스로는 가장 아름다운 모습을 모방할 뿐 생명을 얻게 할 수는 없습니다. 그들은 모두 축제를 통하여 신과 아름다움과 생명을 동시에 기원하고 있습니다. 그렇게 함으로써 삶과 의식과 생명과 죽음을 세련되게 유지하는 것이었습니다. 인간의 의식은 오래된 믿음과 세계에 대한 시각을 담고 있는 모든 것에서 발견할 수 있습니다. 그것은 신화와 전설, 종교, 철학, 과학에서도 마찬가지입니다.

피그말리온은 여인의 조각상을 다 만든 뒤 그 조각상과 사랑에 빠졌습니다. 어떻게 하면 이 조각상이 살아있는 존재가 되어 자신과 대화도 나누며 사랑하는 사이가 될 수 있을까 여러 날을 번민했습니다. 그러던 어느 날, 사랑의 여신 아프로디테 여신에게 제물을 바친 뒤 나지막한 목소리로 소원을 빌었습니다. "저 상아 처녀 같은 여자를 아내로 주십시오" 아프로디테의 축복을 알지 못한 피그말리온은 축제가 끝난 뒤 집에 돌아와 조각상을 물끄러미 바라보았습니다. 그리고는 살짝 키스를 했습니다. 그 순간 피그말리온은 화들짝 놀랐습니다. 조각의 입술에서 사람의 체온과 숨결이 느껴졌기 때문입니다. 다시 입술을 갖다 대고 몸을 감싸 안아 보았습니다. 조각상은 더 이상 돌이 아니었습니다. 영혼과 감정이 있는 사람이 되었습니다.

오늘날까지 이성의 논의가 성장시켜온 건축의 부분들은 처음부터 아름다움, 감각의 세계와 단절되었던 적은 없습니다. 그 아름다움은 다양한 미의 개념으로 변화하였습니다. 그러므로 피그말리온(Pygmalion)의 이야기는 예술이 가진 독특한 생명력을 잘 표현한 것이라 할 수 있습니다. 그것은 인간이 원하는 생명력과 살아있음의 충족과 확대를 의미합니다. 인간은 세계 전체를 자신이 창조한 살아있는 창조물로 변모시키고 스스로 그 안에서 존재의 각성을 요구합니다.

동시에 우리에게 가장 중요한 생명력은 바로 행위하는 우리 자신입니다. 우리는 스스로 건축물에 생명을 불어 넣을 수 있습니다. 그러나 우리가 불어 넣을 수 있는 생명력은 창조자로서만이 아닙니다. 우리는 생활과 건축물의 사용자로서도 생명력을 부여할 수 있습니다. 그 어떠한 건축물이 그 의미를 얻고 장소가 될 수 있는 이유는 바로 사용하는 사람들이 머물고 행위하기 때문입니다. 만약 얼마만이라도 그 건축물과 공간이 사람들로부터 멀어진다면 우리는 그곳의 공허감을 느끼고 곧 폐허가 된다는 것을 알게 됩니다. 그러므로 모든 사람들은 삶을 통하여 스스로 창조자가 될 수 있고 자유로운 예술가가 될 수 있습니다.

건축의 경험과 가치

일상과 행위의 예술

주방, 그릇, 요리, 손수건, 자동차, 꽃꽂이, 구두 그리고 오페라에 이르기까지 모든 것이 예술이 되었습니다. 그리고 우리 삶의 풍요로움이 예술의 궁극적인 목적이 되었습니다. 그리고 삶의 창조는 세계의 확대이고 우리가 가치 있게 할 수 있는 인생의 범위라 여겨져 왔습니다. 그러한 예술에는 공통의 디자인 원리가 존재합니다. 조화, 리듬, 균형, 변화, 절정, 강조, 새로움, 충격 등의 원리가 그것입니다. 이러한 원리는 잘 이해되며 건축에서 그 원리의 적용은 중요하고 명백합니다. 이미 각각의 예술 매체들과 독특한 도구들을 특이화하고 특유의 독자적인 방법을 지니고 있습니다.

물론 건축에도 마찬가지의 원리가 존재해 왔습니다. 그리고 그러한 예술이라 부르는 감각을 이해하고 표현하고자 하는 노력이 존재했습니다. 건축에 관한 많은 글과 사상은 양식의 변화나 새로운 경향의 탐지, 그리고 그 기원의 추적에 관련되어 있습니다. 이것이 건축사의 주된 내용입니다. 그리고 필연적으로 훌륭한 건축물과 이론 그리고 그 창조자에게 관심이 집중되어 왔습니다. 그러한 대상은 예술적인 가치를 공유하고 있었고 사회와 문화적인 배경에서 가장 적절한 구체화의 본질이었습니다.

건축 예술에는 개인적이고 예측할 수 없는 부분이 항상 존재해 왔습니다. 건축이 우리를 감동 시키는 힘은 다른 예술의 그것과는 다르다고 여기고 있습니다. 건축은 3차원적 회화로서도, 사람이 살 수 있는 조각 혹은 기계로서도, 더구나 동결된 음악으로서도 인간의 의지와 역사의 산물로서도 정확하게 파악할 수는 없습니다. 그러므로 예술만의 독특한 기본 원리를 찾는다는 것은 신비스러운 비밀이나 대단한 원리를 발견하고 적용하는 것만은 아닐 것입니다. 건축은 끊임없는 자기성찰이고 세계의 이해입니다. 철학과도 같고 과학과도 같으면서 시를 쓰고 그림을 그리는 것과도 같습니다. 그것은 대단한 것이 아니라 바로 삶의 행복이고 경험이며 매일 매일의 일상인 것입니다.

우리 주변의 모든 것들이 예술의 범위에 흡수되고 있습니다. 그것은 예술이 우리 사회에서 점점 더 많은 것을 얻고 풍요롭게 하는 과정이며 다양한 행위와 경험을 통하여 구체적인 삶을 드러내기 시작한 탓입니다.

외암리 민속마을.

이 도시와 도시의 거주민 그리고 우리가 알고 있는 모든 삶을 대변하는 행위와 경험과 그 가치들은 건축 자체이며 오랫 동안 변화해 온 문화를 담고 있습니다. 그러므로 필연적으로 그러한 문화를 드러내는 건축 예술은 전통과 삶의 본질을 담고 있습니다. 건축과 함께 삶의 방식과 거주민의 관습까지도 변화해 왔습니다. 서로는 상호작용하면서 우리시대의 조망을 창조했습니다. 복잡한 도시의 양태들은 끊임없이 재창조되어 왔습니다. 건축은 삶과 함께 변화해 온 것입니다.

서울 도심과 거주지

과거 역사를 통해서 세련되게 조정된 전통적 건축의 영향력이 현재에도 동일하게 인정된다는 것은 우리가 살고 있는 삶의 내용에서 여전히 인간적이고 자연적인 인간 본래의 모습에서 크게 변화하지 않는다는 것을 보여줍니다. 고대로부터 현대에까지 종교, 정치, 경제 사회에 관해 알고 있는 무엇이든지간에 우리의 마음에서 완전히 제거시킬지라도 이러한 건축물들이 우리에게 이야기하는 것은 중단되지 않으며, 그 언어는 건축의 영원한 언어입니다.

건축 예술이 도덕적이고 윤리적이 되는 것은 그것이 문화를 담고 역사를 담고 있기 때문에 당연한 것이라 할 것입니다. 만약 건축이 그 자체의 매개체가 지닌 보다 평범한 의무와 삶의 무대에 해를 끼친다면 예술로서는 물론 본질적인 가치에서 높이 평가되거나 지지될 수 없습니다. 예술이라 해서 결코 실제적이고 비예술적인 관심사를 희생할 수 없습니다. 건축 예술은 인간의 삶을 포용하고 발전시킬 수 있어야 할 것입니다.

Herbert Read경은 예술에 관한 연구에서 <목적을 위한 존재를 초월한 본질적인 존재 >에 관해 기술하면서, 건축 예술도 그러한 대상으로 보았습니다. 우리가 찾는 기초, 즉 그 자체로 변하지 않는 건축적인 본질은 우리시대의 세계와 일상 그리고 건축물 사이에서 지속적으로 유지될 것입니다. 그리고 그러한 예술로서의 삶과 건축에서 복잡하고 다양하게 이루어지는 상호 접촉은 우리가 지각하는 것 사이에 많은 차이를 생산하고 있습니다. 그 차이는 풍부한 삶을 생산하고 지속적이고 근원적인 유형의 지각이 우리를 더욱 훌륭하게 창조합니다. 그러므로 건축은 가장 근원적인 물음에 대하여 답할 수 있고 제공할 수 있는 정신적 물리적인 배경이 되어야만 합니다. 당연히 역사와 문화를 담아야 하고 또한 다가올 미래의 가치와 전망을 예견할 수 있어야 합니다. 위대한 건축과 건축가들이 위대한 이유는 그들이 살아온 사회와 삶을 연장시키고 미래를 예견할 수 있었기 때문이었습니다.

2. 예술로서의 건축

다양성의 종합 예술
건축 예술의 의미와 가능성

건축은 어떠한 예술적인 의미와 가치를 지니고 있습니까 우리가 건축 예술이라 부르는 대상은 무엇입니까 그리고 건축은 어떻게 이해되어야 합니까?

예술은 언제나 상징적 이야기의 형식이었으며 그러한 형식으로 존재해야만 한다. 그리고 상징이 존재하지 않고 따라서 이야기가 존재하지 않는 곳에는 예술도 존재하지 않는다. Herbert Read 「예술 형태의 기원(The Origin of Form In Art)」

예술은 그러한 의도로 창조되거나 혹은 그것을 읽어낼 수 있을 때 이루어지는 것입니다. 건축은 세상의 것이고 그리고 세상에 관한 것입니다. 건축은 그러한 커다란 기술이고 또 이야기입니다. 그러므로 건축은 결코 단순하게 존재하지 않습니다. 건축물은 서로 의사를 전달하며, 내용을 지니며, 메시지를 전달합니다. 이러한 메시지 중 가장 뚜렷한 것은 우리가 외연적(外延的)이라 부르는 것이며 그것은 명백하게 드러나고 파악되며 건축에 있어서 특유한 것입니다. 실제로 구축된 거대한 구조물이 갖는 형식과 그 형식이 의미하는 관계를 통하여 일정한 소통을 가능하게 합니다. 그것은 건축물이 형태적으로 이미지로서 상징적으로 은유적으로 기능적으로 구조적으로 공간적으로 동선으로서 감각으로서 전해주는 수 많은 내용들입니다.

모든 건축물 그리고 공간과 장소, 형태와 감각, 경험과 사건은 서로가 왜 그러한 과정과 결과를 얻는가를 설명하고 의미를 전달합니다.

그러한 결과로 건축물은 나름의 메시지를 전달합니다. 그 메시지는 아름다움을 위한 규정 혹은 총체적 표현이거나 숨겨진 의도일 수도 있습니다.

Le Corbusier. Ronchamp.1964.

Andrea Palladio. Rotonda.1569.

Polykleitos. Epidaurus Theater. B.C.350

다른 방식으로 보자면, 중세 성당이 가진 가치는 좀더 미묘하고 내연적(內延的)인 종류의 의미와 관련이 있습니다. 이것은 독자적으로 고안된 현저한 구조나 그 자체를 지지하는 방법에 대한 메시지입니다. 대성당은 해야 할 임무가 있는 건축이며 그 임무는 당연히 그 건물의 독특한 주요 주제입니다. 매우 높은 공간을 에워싸도록 석조 벽을 높게 쌓고, 이 벽체를 플라잉 버트레스를 이용하여 외부에서만 보강을 하고 이 벽에 구멍을 뚫어 빛을 받아들이는 것이 대성당이 의도한 목적이고 역할이었습니다.

Rose Window of Cathedral of Laon.1860.

Canterbury Cathedral.
William of Sens Rebuilted. 1175.

그러한 의도된 가치를 전달하기 위한 형태적인 조정을 이루어내는 것도 건축 예술의 영역입니다. 다른 건물들에서, 기본적인 내연적 의미는 다른 종류의 구조, 건물의 일반적인 성질, 비례의 정확성, 세부표현에 대한 몰두, 또는 재료의 적절한 사용 등에 관계할 수 있습니다. 어느 정도까지는, 건물 재료나 기술이 실제적인 목적을 위한 수단일 뿐만 아니라 건축 자체의 목적이기도 했습니다.

건축의 고정된 성격은 여러 가지 근원으로서 건축주, 건설자, 그리고 일반사회의 가치 등의 결합에서부터 생겨납니다. 그러한 고정된 배경으로서 성격은 우리에게 왜 그와 같은 한계를 가지고 있는가에 대한 근원에 관해서 알려줍니다. 또 그러한 사회학적 정보는 건축 작품의 의미 중 일부가 되고 건축물의 가치에도 영향을 미칩니다.

건물이 전달하는 메시지 중 일부는 건축가가 거의 영향력을 미치지 못하는 조건에 근거하고 있습니다. 초기 계획의 단계에서 학식이 풍부하고 활동적인 건축가는 건축주를 교육시키고 제한된 법규와 관습에 대항하고 또는 공동사회를 설득하여 이전에는 대중적이지 않은 개선책을 받아들이도록 하는 등의 작업을 수행할 수 있습니다. 그러나 대부분의 경우 결국에 건축가는 주어진 예산 범위 내에서 주어진 법규에 따라 그리고 주어진 대지에 적절하고 주어진 공간 요구 사항의 프로그램을 디자인할 수 밖에 없습니다. 그것은 건축이 매우 실용적인 범위 내에서 이미 구축된 견고하고 엄정한 한계를 가지고 있다는 것을 의미합니다. 그러므로 건축이 상대적으로 자유로운 다양한 예술의 분야와는 근본적으로 다른 한계를 지니고 있다는 것을 알아야 합니다.

Doria, Ionia, Corinthian Orders

Maidens Honoring Athena.
Caryatid . 여상주.

건축가가 선택할 수 있는 범위로서 건물에 관련된 사실을 모두 안다면, 건축가는 건물 형태를 결정할 수 있는 선택의 범위를 이해하게 됩니다. 그리고 그 안에서 자신이 의도하는 바를 결정하고 디자인하게 됩니다. 곤란한 점은 주로 문제에 대한 디자이너의 견해가 디자인을 결정하는데 가장 중요하게 작용한다는 점입니다. 이러한 관점의 실천은 건축을 과학 이상의 것으로 만드는데 결정적인 역할을 합니다. 그러한 과정에서 건축가의 특수한 선택은 건축에 또 다른 내면적인 다른 의미를 부여합니다. 즉 건축가와 사용자와 그러한 관계와 환경을 이해하는 입장에 따라서 다른 의미를 생산합니다.

건축이 전달하는 부차적 메시지는 독특하고 외연적인 줄거리를 말하지 않을 때에도, 그 표현적인 요소들은 초기부터 건축에 통합되어 왔습니다. 즉 동물의 형태, 식물의 형태, 그리고 인간 자신의 형태가 그것입니다. 그러한 형상은 원시미술에서부터 줄곧 중요한 테마가 되어 왔으며 오늘날 다양한 상징과 기호, 비례 그리고 신인동형론 등으로 남아 있습니다. 언어의 은유를 계속하기 위해서 장식은 우리에게 이야기할 독특한 것을 아무것도 갖고 있지 않을 수도 있습니다. 그것은 구체적인 형상이 아닐 수도 있으나 대신 이야기하는 방법을 가져야만 합니다. 그리고 이와 같은 이야기 형식은 시간과 상황에 따라 변화해 왔습니다. 그 소통의 방식은 시대의 사회와 문화에 따라서 변화해야 했기 때문입니다. 그 결과 우리가 알고 있는 건축 양식이 생겨났습니다.

건물 요소는 직접적으로 닮지 않고서도 의인화될 수 있습니다. 어떤 의미에서는 기둥은 남자를 나타내고, 상부를 덮는 아치는 여자를 나타낸다고 생각할 수 있습니다. 다른 의미에서 Mars나 Hercules와 같은 강력한 신을 위한 신전은 전통적으로 강력한 Doria 오더로 디자인된 반면, 우아한 Corinthian order는 Venus나 Flora와 같은 여신에 적절한 것으로 생각되었습니다. 내연적 의미, 그러한 연상과 의인화는 건축의 핵심은 아니지만 이들은 건축을 풍요롭게 하는 수단으로 여겨져 왔습니다. 후기에는 여신의 모습을 기둥으로 사용하기도 하였습니다.

Herbert Read에 따르면 "상징이 존재하지 않고 따라서 이야기가 존재하지 않는 곳에는 예술도 존재하지 않는다" 고 이야기합니다. 건물이 우리의 감각에 의해서 건축 예술로써 이해된다면, 건축은 무엇인가 우리에게 전달하고 자극하고 이야기를 해야만 하며 우리는 그것을 경청해야 하는 것입니다. 그러한 관계 속에서 생겨나는 의미는 바로 건축이 예술로서 창조하는 의미입니다.

David Watkin은 그의 저서 「건축사의 기원(The Rise of Architectural History)」에서 동일한 형태가 어떻게 서로 대조가 되는 해석을 부여받는가에 관하여 논의하였습니다. 바로크교회의 내부공간이 유럽대륙의 사람에게는 로마 카톨릭교와 전제군주제의 명백한 상징이었던 반면에, 17세기 후반 영국에서 이것을 선택한 사람들에게는 정반대의 것, 민권주의와 청교도의 주장을 상징하고 있습니다. 우리 자신은 확실히 언어처럼 그 공간이 의미하게 될 것이라 생각하거나 혹은 그러한 의미를 동의하거나 무엇인가를 의미한다고 보고 있는 상징을 얻게 됩니다. 그리고 그것은 건축에 관한 이야기의 일부입니다. 여전히 우리는 너무 정확한 의미가 건축형태로부터 생산된다는 잘못된 환상을 가지고 있습니다. 그것은 마치 특정한 형태가 특정한 의미를 담는 매개체인 것으로 오인하고 있는 것입니다. 형태는 직접적으로 카톨릭교나 개신교의 의미와 차이를 함축하지는 않습니다. 첨두형 아치(Pointed Arch)는 원래 기독교 건축의 요소가 아니었습니다. 이러한 것들은 의미가 아니라 단지 오래 전부터 관련되어 드러나는 연상(聯想)입니다.

Saint-Pierre. Troyes. Pointed-Arch.1275.

Francesco Borromini. San Carlo alle Quattro Fontane. Rome. 1677

의미가 끝나고 연상이 시작되는 지점과 과정을 파악하는 것은 쉽지 않습니다. 건물이 의미하는 바와 건물이 어떠하다고 알고 있는 바를 서로 구분하는 것은 어렵습니다. 아마도 건축 예술의 최고 수준에서, 우리는 수단과 목적, 매개체와 메시지를 구분할 수 없을 것입니다. 완벽한 작품에서 내용은 내재적으로 드러나고, 구조나 매스와 밀접하게 관련되어 있기 때문에 건물과 그 의미를 서로 분리하여 파악할 수는 없을 것입니다.

과거의 건축가들은 모든 예술은 음악의 제반 조건을 열망한다고 보았습니다. 왜냐하면 다른 종류의 예술에서는 제재와 형태를 구분하는 것이 가능하고, 이해는 항상 구별을 만들어내는 반면에, 그것을 없애려는 것이 아직도 예술의 노력이기 때문이었습니다. 그리고 Claude Mauriac는 「신문학(The New Literature)」 중에서 건축에 손쉽게 적용할 수 있는 소설에 관하여 다음과 같이 전하고 있습니다. "창조적인 예술가들은 항상 기술적인 문제에 몰두해 왔다. 그러나 형태는 오직 성공적이지 못한 작품들에서만 내용과 구별되고 있다."

Egid-Quirin Asam. ST. John Nepomuk.Munich. 1933.

감각의 신화 숨겨진 신비로운 세계의 창

사람들은 감각, 기억, 상상, 지각, 인식 . . . 과 같은 능력을 통하여 세계를 더욱 깊고 자유롭게 이해할 수 있게 되었고 표현할 수 있게 되었습니다. 물론 지금으로부터 백년 전만 하더라도 개인의 자유로운 표현은 제약과 한계를 가지고 있었습니다. 이 시대가 만들어 놓은 인간 존재의 실현은 모든 가능성을 열어 주었습니다. 감각은 그리스어로 pathos입니다. 이 말에는 수동적(passive)이라는 의미를 담고 있습니다. 오늘날 능동(action)이라는 말에 대립하는 수동(passion)에 해당합니다. 그러나 우리 자신의 감각은 무엇을 겪는 것, 수동적으로 느끼는 것만을 하지는 않습니다. 내부로부터 열정을 불러 일으키고 살아있다는 것을 확인하고자 합니다. 그러므로 passion은 수동이라는 의미와 열정이라는 의미를 동시에 가지고 있습니다. 동시에 그것은 고통이며, 열정이고, 분노이며 흥분이기도 합니다.

우리는 그러한 감각을 신체를 통하여 지각합니다. 그러한 지각을 인식의 재료로 삼아 판단하고 이해하고 분석하게 됩니다. 인식(cognition)이란 전적으로 개념화해서 판단하는 것으로 정의합니다. 우리는 감각과 동시에 지각하고 인식의 과정을 거치게 됩니다. 그러한 과정을 기호작용 (signification), 감각작용(sensation), 개념작용, 개념화(conceptualization), 이미지 작용(imagination)이라 부르고 이들은 서로 다른 측면에서 이해할 뿐 동일한 과정입니다. 우리는 세계를 이미지화하여 기억하고 접촉합니다. 그러한 경험으로서 이미지화(imagination)를 두 가지 양상으로 구분하는데 하나는 '표상'으로서 지각된 세계이며, 또 다른 하나는 '상상'으로서 지각한 대상을 사고하는 것을 의미합니다. 다른 양상으로서 환상(phantasia)은 자의적인 해석에 의한 거짓의 의미를 담고 있습니다.

인간은 감각과 지각의 내용과 과정을 수동적인 억압과 고통으로부터 능동적인 열정으로 전환시켜 왔습니다. 역사는 그러한 인간 스스로의 존재를 확장시키고 자유롭게 만든 구체화의 과정이기도 했습니다.

드디어 모든 예술을 비롯하여 건축까지도 상상을 드러내는 감각적 경험들을 마음껏 만들어내고 표현할 수 있게 되었습니다. 그러자 건축은 이 세계를 근본적으로 변화시킬 수 있는 강력한 도구가 되었습니다. 상상한 것은 모두 실제가 될 수 있습니다.

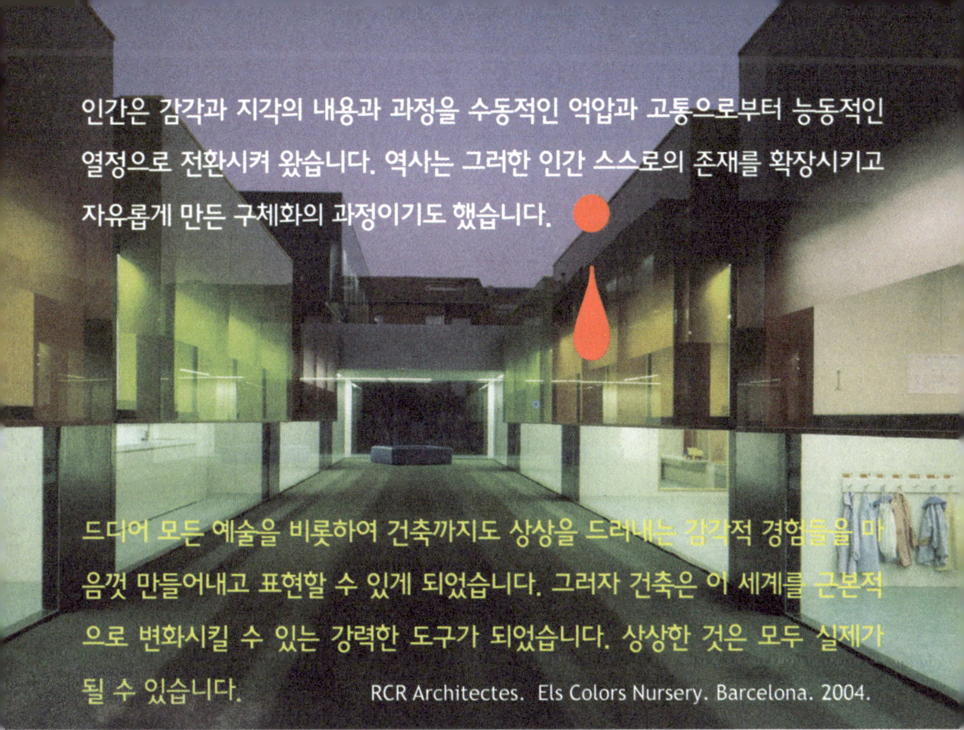

RCR Architectes. Els Colors Nursery. Barcelona. 2004.

새로운 감각을 통하여 경험을 확장시키고 새로운 재료와 형태는 건축 예술의 당연한 요소가 되었습니다. 지금까지의 형태의 균형과 조화의 감각은 더 많은 복합적인 감각과 지각으로 변화하였습니다. 동시에 세계의 폭을 확장하고 감각은 실재하는 존재의 가능성을 풍요롭게 해 주었습니다. 새로운 감각을 실험하고 탐구하는 것은 새로운 세계를 드러내는 것이고 지금까지 알지 못했던 인간의 능력과 한계를 깨닫게 해 주었습니다.

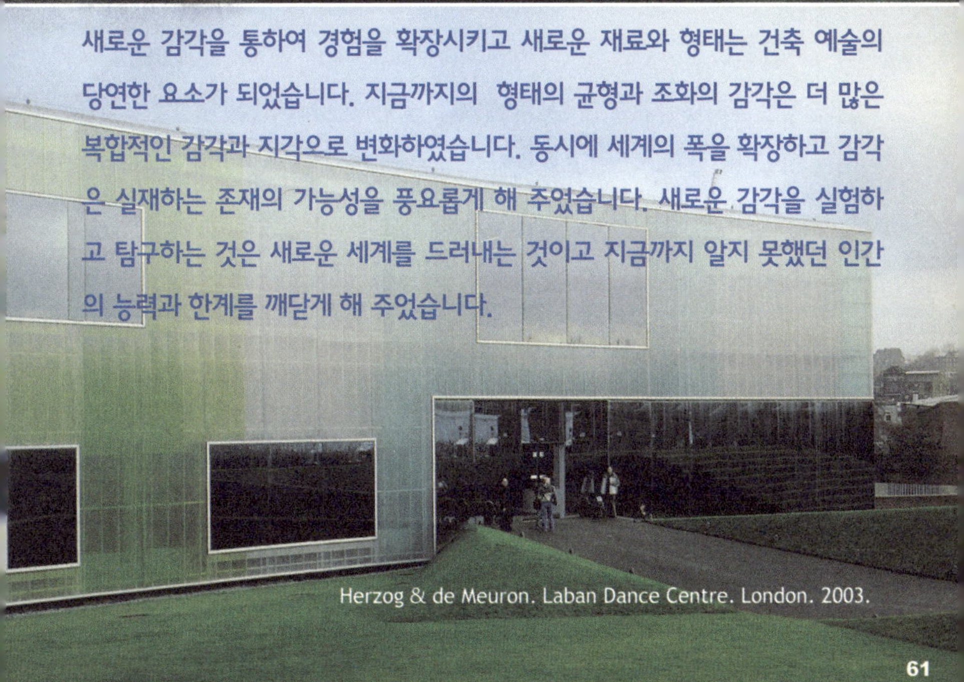

Herzog & de Meuron. Laban Dance Centre. London. 2003.

우리는 어떠한 감각을 통하여 세계를 확인하고 있습니까? 우리는 과연 세계를 실체로 파악하고 있는 것입니까? 감각은 우리가 세계를 바라보고 이해하고 경험하고 판단하는 소재이고 방식이며 통로입니다. 그러므로 감각한다는 것은 스스로 인간으로서 살아간다는 것이고 살아있다는 것을 증명하는 것이기도 합니다. 무엇보다도 그러한 감각을 통하여 우리는 나를 세계 속에 위치시키는 방식을 얻기도 합니다. 나를 알고 내가 이 세계에 어떠한 환경과 장소에 있으며 그러한 관계에서 나를 둘러싼 존재의 장을 이해한다는 것이 바로 나를 더욱 구체화하고 충족시키는 방식이기도 합니다.

감각을 통하여 세계를 얻고 동시에 그 세계에 존재하는 나를 얻는 것입니다. 멀고 가깝고 무겁고 전후, 좌우, 앞뒤, 선후, 거칠고, 밝고, 덥고, 뜨겁고 깊고 . . . 그러한 모든 감각은 이미 선험적으로 이해하고 있는 **공간과 시간의 감각**과 일시적으로 실재하는 현재의 경험으로서의 오감으로 이루어져 있습니다. 그러한 감각은 우리를 세계로 연결시켜 줍니다. 이 관계는 지각 혹은 지성의 역할을 통하여 이성의 사유로 연결됩니다. 이성은 순수한 내적인 정신의 역할과 내용으로 이루어져 있습니다. 인간은 누구나 감각과 지각(지성), 이성을 통하여 깨어 있습니다. 순수하게 살아있음 혹은 깨어있다는 것은 우리가 무엇인가를 지향하고 있으며 그 과정에서 나의 의지가 작동한다는 것입니다.

살아있는 나는 바로 의지의 총체이고 그것은 깨어있는 나의 감각을 통하여 세계로 투사하고 받아들이는 과정입니다. 그러므로 오랜 세월 동안 모든 예술의 장르 그리고 건축을 포함한 창조적 작업과 인간이므로 가능한 생산과

Herzog & de Meuron. Dominus Winery. 1998.

재료와 형태 그리고 공간과 경계로부터 생겨나는 모든 감각적 소재는 우리의 경험을 풍부하게 하고 그 경험은 삶과 존재하는 모든 사물과의 소통의 다리를 놓아 줍니다.

유형 무형의 결과들은 인간의 감각을 소재로 소통하고 그 결과를 얻어내 왔습니다. 그것은 유일한 삶의 통로이고 인간이 세계에 드러내는 확실한 존재물의 형식을 구축하는 것입니다. 물론 그것은 예술과 과학에 이르기까지 공통된 세계의 실체를 구성하는 과정이고 세계를 잇는 통로를 만들어냅니다.

Subarchitectura. Tram stop. 2007

Kochi Architect's Studio. Hula Creative.

시각의 신화

존재의 창 . . . 통제의 질서

보고 듣고 알 수 있는 것들 . . . 이것들은 내가 가장 존중하는 것들이다 . . . 귀보다는 눈이 좀더 정확한 증거가 된다. . . 눈과 귀가 야만적인 영혼을 갖고 있다면 그들은 나에게 나쁜 증거가 된다. . . 가시적인 사물들을 인식하는 데 있어서 인간은 언제나 배반당한다. Herakleitos.

고대로부터 세계 경험의 통로이며 존재를 확인하고 자연을 깨닫는데 가장 중요한 감각은 바로 시지각(視知覺)이었습니다. 고대의 철학으로부터 시각의 절대적 힘은 세계를 파악하고 질서를 구축하는 수단이 되었습니다. 거의 모든 학문과 활동의 범주에서 본다는 것은 커다란 힘을 발휘합니다. 그것은 건축의 질서까지도 마찬가지입니다. 우리는 보이는 세계를 우리가 보아온 그대로 남겨두고 그대로 이해하고 언어를 만들고 기호를 만들고 상징을 만들어 왔습니다. 쉽게 정면, 뒷면, 입면, 주두, 신인동형론, 균형, 조화, 형태적 원리, 색채 . . . 모든 것이 시각적인 원리에 근거합니다. 시각은 수천년간 우주의 별자리, 시간의 경과, 인간의 지식, 존재론, 권력, 윤리에 질서를 구축해 왔습니다. 그러므로 우리가 살고있는 이 세계는 그러한 시각적 질서의 토대 위에 형성되었습니다.

그러므로 우리는 눈을 갖지 않는 생명체를 상상할 수 없었습니다. 신화적 생명체는 모두 거대하고 여러 개의 기이하고 놀라운 눈을 가지고 있었습니다. 또한 눈은 보는 것의 관점과 보여지는 것을 결정하고, 주체와 객체, 나와 타인을 구분하는 결정적인 역할을 해 왔습니다. 본다는 것은 안다는 것, 이해한다는 것, 깨닫는 것과 같은 단어이고 같은 뜻으로 사용되기까지 했습니다. 그리고 생명의 중심, 태풍의 중심, 어둠의 중심, 빛의 중심까지도 눈으로 불리고 있습니다.

인간은 시각적인 감각의 대상을 통하여 어떠한 원칙과 질서를 구축하고자 했습니까

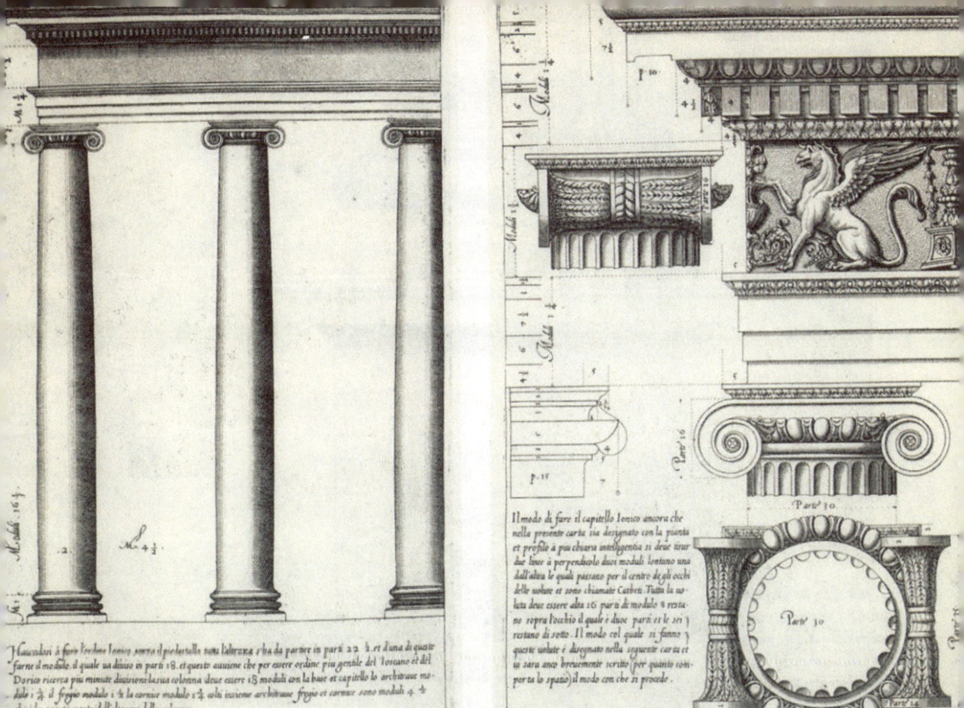

Iacomo Barozzi da Vignola. The Ionian Order and Detailed specifications. *The Five orders of Architecture*. New York. 1986.

고전적인 건축의 원리와 형태는 시각적인 규정으로 이루어져 있습니다. 고전적인 건축의 원리 오르디나티오 (Ordinatio), 디스포지티오 (Dispositio), 에우리드미아 (Eurythmia), 숌메트리아 (Symmetria), 데콜 (Décor), 디스트리뷰티오 (Distributio)는 모두 시각적인 질서의 원리입니다. 각 부재는 서로간에 비례와 균형으로 규정되어 있습니다. 고대인들에게 시각적 질서는 세계의 질서이고 우주의 질서였습니다. 그들이 생각하는 시각적 비례는 아름다움의 본질이고 가장 숭고한 규범이었습니다. 그러한 규범은 미의 원칙이기도 했으나 최소한의 질적인 수준을 보장하고 실패와 오류를 방지하는 수단이기도 했습니다.

Temple

이 놀라운 사원과 콜롯세움 그리고 르네상스의 빌라들은 모두 오더와 엄정한 비례를

The Parthenon. C. 440. B.C.

The Temple of Nike. C. 435. B.C.

Tem

Agrigentum. C. 450.B.C.

Palladio. Villa Piovene. 1540.

The Pantheon. 121.

용한 건축물입니다. 이 건축물은 나름의 변하지 않는 공통된 모습을 하고 있습니다.

cord. Agrigentum. C. 450.

Palladio. The Church of Il Redentore.1577.

현대 문명의 근원적인 뿌리에는 시각이라는 거대한 통로가 존재합니다. 역사적으로 본다는 것은 감각적으로 가장 훌륭한 것이며 생각, 사고, 철학, 지식 그 자체였으며 이해한다는 것은 본다는 것이었습니다. seeing 고대 사고와 체계에서 본다는 것, 볼 수 있다는 것은 바로 확실성이며 진리였습니다. 그러므로 듣고, 느끼고, 만지고, 맛보고, 냄새맡는 것보다도 더 가치있는 감각으로 여겨왔습니다. 플라톤은 인간의 가장 큰 재능이며 그것을 통하여 모든 우주의 진실을 확인할 수 있다고 믿었습니다. 또한 그는 마음의 눈을 통하여 세계를 깨달을 수 있다고 보았습니다. 그것은 거의 모든 철학자, 과학자 그리고 예술가들을 사로잡았던 테마였습니다.

모든 철학적인 기록들은 시각적 은유가 세계의 지식과 진실을 드러내는 것으로 여겨져 왔습니다. 그리고 진실의 은유이고 분명한 시각과 그것을 돕는 빛이야말로 진실 그 자체라 보았습니다. 아퀴나스에 이르러서는 본다는 것은 모든 감각할 수 있는 절대적 세계의 기준이고 지성적인 인식의 첫 단계로 여겼습니다. 심지어 눈은 철학을 위한 유기적인 프로토타입이라 언급되었습니다. 인간 신체의 인식적 기관으로서 눈을 통하여 구축된 세계의 질서는 사실상 눈으로부터 시작된 능력이고 반향이고 관조이고 둘러봄을 의미합니다. 주변의 모든 사물과 그 의미들 그리고 그것을 부르는 이름과 체계까지도 시각적인 관계를 가지고 있습니다.

르네상스 시대의 감각은 세계를 대변하는 것이고 오감은 세계 인식의 창이었습니다. 그리고 인간 신체의 우주적 조화는 감각과 우주의 요소를 연관시키기에 이르렀습니다. 본다(시각)-불과 빛, 듣다(청각)-바람, 냄새맡다(후각)-증기, 맛보다(미각)-물, 만지다(촉각)-흙. 그러므로 시각은 세계의 축이 되어왔습니다.

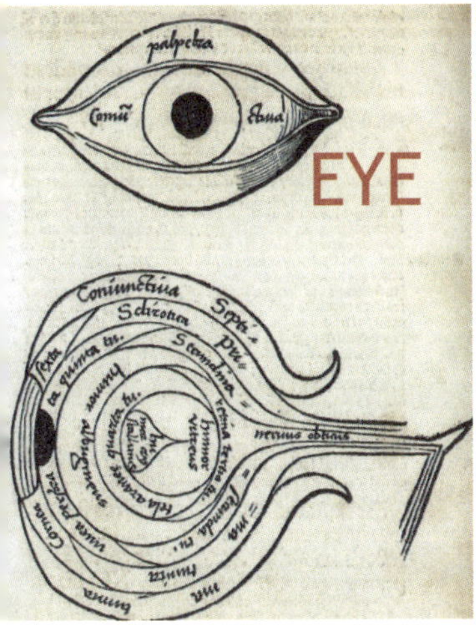

EYE

중세시대의 사람들에게 눈은 세가지 다른 형식으로 이루어진 유체의 결합으로 이해되었습니다. 아라비아 학자 Avicenna (980-1037)에 의하면 매우 차가운 액체가 안구의 중심을 채우고 있고 그러한 액체 상태의 동공 내부에는 7겹의 표피가 둘러싸고 있습니다. 그 표피들은 각각 우주의 각 영역과 대응한다고 보았습니다. 신비주의자들은 10개의 부분들을 사피로스(saphiroth)에 대응한다고 보았습니다. 그리고 그 가운데 볼 수 없는 부분, 시각세포가 없는 부분은 신이 무엇인가를 숨기고자 하는 신성한 것으로 여겼습니다. 그들에게 눈은 신이 만들어놓은 우주의 질서이고 그 것을 따라 만들어낸 조화로운 실체였습니다.

Light & Darkness

▲ Böhme에 따르면 고대의 학자들은 우주의 7개 행성의 이름을 자연의 7개 속성을 본따서 붙였습니다. 그러나 이러한 이름의 이면에는 훨씬 더 깊은 세계의 지식과 철학이 담겨있습니다. 그것은 단지 별의 이름이 아니었습니다. 모든 존재에 내재하는 우수의 속성을 가지고있었습니다.

오른 쪽 그림은 A. Kircher의 Ars magna lucis et umbrea 입니다. 괴테는 그의 책 History of Color에서 처음으로 빛, 그림자 그리고 색채에 대한 분명한 사고를 피력했습니다. 우리가 본다는 것은 바로 그것을 본다는 것으로 정의했습니다. 색채는 빛과 그림자의 놀라운 생산물이라 판단했습니다. 그림에서 빛과 그림자는 두 개의 머리를 가진 독수리로서 표현되고 그것은 태양(sun, Apollo) 입니다. 그리고 공작은 색채를 의미하고 동시에 달(moon, Diana)입니다. 빛의 방사는 바로 지혜와 지식을 의미합니다. 그러한 의식은 감각적으로 인식 가능한 세계의 모습을 보여줍니다. 플라톤적인 동굴의 어둠과 빛, 그리고 감각을 비추는 망원경, 서로 다른 두 세계, 그리고 눈으로부터 드러나는 비례(ratio), 사피로스(saphiroth), 신성한 속성과 눈, 올빼미와 거울까지 신성한 빛과 어둠의 대립적인 의식을 보여줍니다.

우리가 살고 있는 시대의 시각 중심의 패러다임과 지식의 개념을 보여주는 패러다임은 인식론적인 세계 질서의 중심을 이루고 있습니다. 건축 예술의 수단과 감각 그리고 실제 작업의 통제라는 점에서 시각의 역할은 매우 중요합니다. 건축은 예술로서 근본적으로 시간과 공간 속에서 인간의 존재를 문제시 하고 그러한 본질에 직면하여야 합니다. 건축은 세계와 존재 자체에 대한 형이상학적인 물음을 담고 있으며 세계의 내부와 외부, 시간과 시각, 인간의 삶과 죽음을 담고 있습니다. 건축은 필연적으로 인간적인 경험을 통하여 얻어지는 공간적인 표현과 아름다움 자체를 대상으로 하고 그것의 구축을 목적으로 합니다. 따라서 예술적, 미학적, 문화적인 실체와 본질은 지속적으로 변화하는 시간과 공간의 경험에 의존합니다. 건축은 그러한 인간과 시간 그리고 공간을 관계시키는 가장 근본적인 도구이며 노력이고 그러므로 이성 이상으로서의 세계 해석 . . . 즉 예술입니다.

Light & Darkness

그러므로 시각은 세계의 모습이며 보이는 바의 질서이고 예술의 근본 원리가 되었습니다.

빛 암굴의 진리

건축에 있어서 빛과 어두움은 무엇을 의미합니까 전통적으로 빛은 무엇을 의미했습니까

빛과 어둠은 함께 영원한 시간 속에 녹아 들어 있다. (J.W. Goethe)

빛은 건축 예술에서 매우 근본적인 것이며 인간의 삶과 생명 그리고 삶이 담는 내용 그 자체를 상징합니다. 마찬가지로 반대의 경우 어두움은 죽음을 상징했습니다. 우리는 빛의 명암에 영향을 받아왔습니다. 그러한 사실을 거의 느낄 수 없겠지만, 우리 자신의 기분을 변화시키고 빛과 그림자에 의한 격렬한 대조는 즐거움과 슬픔에 연관되고 있습니다. 우리는 밝고 빛나는 빛을 축제의 기분과 자유에 연관시키고 슬픈 일이 일어날 경우에 어두움을 찾습니다. 이러한 극단적인 상황들 사이에는 무한한 단계들이 생겨납니다. 구조적이고 기능적인 속성들과 마찬가지로, 건축의 근본적인 요소의 하나로서 빛을 활용함으로써 미학적인 감응을 환기하고, 분위기를 창조하고, 감정을 일으킵니다. 건축은 상징적이고 과학적일 뿐만 아니라 형이상학적이고 철학적인 빛의 해석을 통하여 건축을 이해하여야 합니다.

건축의 바로 그 시작으로부터, 사원, 교회, 궁전과 그 밖의 건축물들이 갖는 육중한 견고함에서 이러한 해석의 결합들을 발견합니다. 우리 가정의 거주지에서 빛은 열정적이고 감흥적인 건축적 힘을 제공합니다. 그곳에서 빛은 기능적인 역할을 초월하는 방식으로 정신의 상태에 영향을 미칩니다.

Glass Windows, Saint-Denis

William Blake. Europe. 1794.

신의 창조는 세계의 질서이고 그것은 균형임과 동시에 비례를 의미했습니다. 또한 그 모든 것은 어둠으로부터 탄생하는 진실이고 아름다움이고 믿음이었습니다. 바로 빛이었습니다. 따라서 블레이크는 신의 창조를 어둠 속에서 발현하는 빛의 컴파스로 그려내고 있습니다. 그것은 바로 세계를 창조하는 에너지이고 중심으로부터 시작되는 신의 전능이었습니다. 그것은 곧 모든 세계의 실체를 창조하는 시작이었습니다. 이제 우주와 신의 창조물이 생겨났습니다. 그러자 빛은 가장 숭고한 예술의 표현매체가 되었습니다.

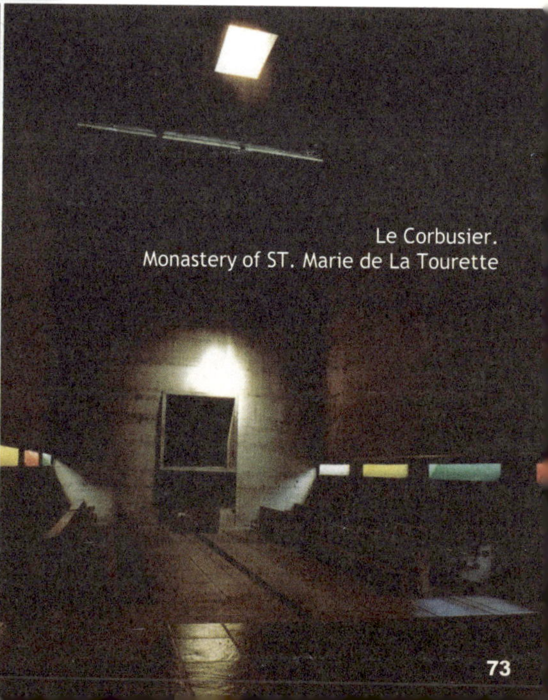

Le Corbusier.
Monastery of ST. Marie de La Tourette

빛은 구체화된 대상을 분명히 구별하고 드러냅니다. 그러한 표현은 결정적인 요소들 사이에서 형성되어져야 한다는 것입니다. 이 요소들은 제각기 건축물의 내부 혹은 외부를 다루고 있으며, 내부와 외부는 항상 연관되어 상호작용합니다. 우리는 피라미드와 이집트의 신전에서 실례를 발견할 수 있습니다. 외부공간은 빛을 획득하고 있으며 거대한 표면 위로 반사하며, 그 결과 건축물을 불멸하는 빛의 표지로 만들어냅니다. 그리고 대지의 표면에 서있는 인간의 열정적인 현존이 느끼게 되는 부정할 수 없는 존재를 확인하게 합니다.

팔라디오(Palladio)에 의한 비첸짜의 바실리카 입면의 음화적인 형태들은 깔끔하게 뚫어놓은 듯이 보입니다. 그 효과는 특히 아치형 채광창에서 더욱 뛰어나게 나타납니다.

Pronaos. Temple of Horus. Edfu. C. 230 B.C.

내부의 복도와 묘실은 총체적인 어둠으로 휩싸여 있으며 견고한 석재의 매스 안에 움켜 잡혀 있음으로 대지 자체와 통일화됩니다. 그 모든 것은 형태적으로 상징적으로 빛과 어둠 사이의 최상의 대조를 보여줍니다. 그것은 빛과 어둠의 공연입니다.

Wall Relief. Hypostyle Hall of The Ramesseum. C. 1250 B.C.

디테일은 전체의 계획에 있어서 부수적인 것이며, 열린 부분과 아치의 형태가 강조되어져 있습니다. 건축적인 강조가 주로 외부에 표현되어 있는 그리스 사원에서와 같이 대조와 리듬의 모든 뉘앙스가 강조된 것입니다. 압도적인 문학적 외부공간, 주랑 그리고 성소를 위하여 처음 접하는 방문자에게 완전하게 밀봉되어 있는 그림자가 드리운 내부공간 사이에는 극한의 대립이 존재합니다. 기둥 자체와 끌로 세워놓은 플루팅(fluting) 사이에는 리듬과 대조가 함께 존재합니다. 내부공간과 외부공간 사이의 중재적인 영역은 전이공간에 의하여 형성됩니다. 페리스타시스(peristasis)의 열주들의 그림자는 지성소의 벽면에 드리웁니다. 내부공간과 외부공간 사이의 통로는 독립적인 환경을 획득합니다. 이와 같은 특성은 후에 종교적 건축물이나 갤러리에서 나타났습니다.

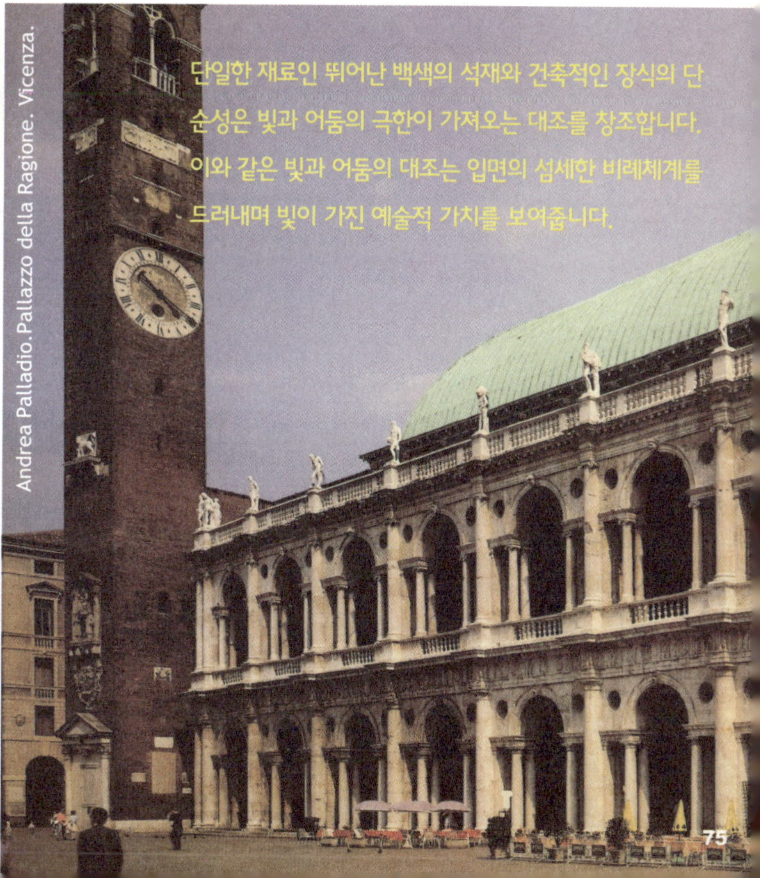

Andrea Palladio. Pallazzo della Ragione. Vicenza.

단일한 재료인 뛰어난 백색의 석재와 건축적인 장식의 단순성은 빛과 어둠의 극한이 가져오는 대조를 창조합니다. 이와 같은 빛과 어둠의 대조는 입면의 섬세한 비례체계를 드러내며 빛이 가진 예술적 가치를 보여줍니다.

Jakob Prandtauer.Church of Melk Abbey. 1723.

Le Corbusier. chapel of Notre Dame du Haut in Ronchamp.

빛은 신성한 것이고 신의 계시이고 진리이고 선이고 희망이고 구원이었습니다. 동시에 그러한 빛을 확인할 수 있는 장소와 공간은 신성하고 성스럽고 숭고하고 훌륭한 장소이며 공간이 되었습니다. 빛은 공간을 구체화하는 중요한 수단이며 궁극적인 매체였습니다.

건축의 역사는 어둠으로부터 벗어나고 그것을 정의하는 것으로부터 시작되었습니다. 어두운 밤과 동굴은 신비로운 어두움으로 둘러싸여 있었습니다. 그들의 횃불만이 형태를 지각하도록 도와주었고 둘러싸인 공간은 무한한 외부공간과는 구별된 한정된 공간이었습니다. 그 외부공간에서 빛이 사라진 밤은 어둠이고 두려움입니다. 빛이 존재하는 한정된 공간은 인간의 피난처가 되었으며, 그 장소는 그들의 두려움의 경험을 표현하는 곳이었습니다.

그러므로 최초의 피난처는 한정된 공간이고 작은 출입구와 빛의 침투는 최소한으로 제한되었습니다. 빛은 천정으로부터 열린 작은 틈을 거쳐서 공간을 꿰뚫고 지나가고 이 개구부는 출입구이며 동시에 환기구였습니다. 이러한 어두움은 세계의 두려움이고 존재적인 결과였습니다. 결과적으로 그러한 경향은 어두운 공간을 심리학적(psychological) 공간, 상징적(symbolic) 공간, 형이상학적(metaphysical) 공간 그리고 철학적(philosophical) 공간으로 표현하는데 있어서 매개체로서 작용하게 만들었습니다. 그러자 빛은 인간의 가장 근원적인 무의식 속에서 본질적인 감성을 표현하는 매개체가 되었습니다.

Herzog de Meuron. Hannover EXPO-Dach. 2000.

종교적인 건축물에서, 빛을 건축적으로 표현하는 것과 형이상학적 열망 사이에 존재하는 관계는 매우 분명했습니다. 그 영역은 대단히 폭 넓은 것으로 단단한 석재 벽체에서 빛을 발하는 광경은 더 많은 빛을 제공하는 것 뿐만 아니라 침묵과 어둠에 대한 심리학적인 승리를 의미했습니다. 그것은 빛이 가진 새로운 표현 질감과 명암 그리고 볼륨의 감각을 창조했습니다.

특별한 빛의 분위기는 총체적인 환경을 지배합니다. 그러한 환경 내에서, 형태와 사람들 그리고 오브제들은 상호작용합니다. 또한 개개의 개별적인 대상은 독립적인 실체를 구체화합니다. 그러므로 건축물 내부에서 창조되는 빛의 환경은 마을, 도시, 지역에서의 자연적인 빛 환경으로 확대됩니다.

Steven Holl. Nelson Atkins Museum of Art Expansion.2007

사막이든지 녹음이 풍부하든지 토양의 조건에 의하여 빛의 환경은 결정됩니다. 석재이든 혹은 목재이든 자연적인 재료에 의하여 빛의 환경은 결정됩니다. 채색되었거나 회색조의 건축물에 의하여 빛 환경이 결정되었습니다. 그러나 건축물 내의 빛 환경은 빛의 유입을 위한 시스템과 같은 요소들, 즉 다른 결정 인자들과 궁극적으로 삶의 스타일에 의존하게 되었습니다.

빛 환경은 건축물을 창조한 사람들의 생활에 대한 태도의 명확한 표시입니다. 화가들은 그들의 작업에서 이러한 모든 것을 감싸고 에워싸는 빛을 쉽게 종합적으로 다루고 있습니다. 자연적인 빛의 분위기의 사례를 반 로이스달(van Ruysdael), 반 고호(van Gogh) 혹은 세잔(Cezanne)의 풍경화에서 발견할 수 있고 반 아이크(van Eyck), 베르메르(Vermeer) 혹은 반고호(van Gogh)의 실내는 인위적인 빛 분위기의 실례를 보여줍니다. 회화에서 빛은 감각적이고 초월적이 되었습니다. 그 빛의 표현은 고딕의 빛(Gothic light)이 새로이 발현한 것이었습니다.

Steven Holl. Nelson Atkins Museum of Art Expansion.2007.

Sezanne. 밸뷔에서 본 생트 빅투아르 산. 1885.

Van Gogh. 사이프러스 나무가 있는 곡물밭. 1889.

인상파는 그들이 보고자 하는 세계, 그들이 그러하리라 믿고 있었던 세계, 그들이 이미지화하여 드러내는 세계, 스스로 세계의 주인으로서 바라보는 형식들을 그려내기 시작했습니다. 그들에게 빛과 형상은 중요한 매개체이고 탐구의 대상이었습니다.

창경궁...

살아있는 건축의 빛

빛은 어떻게 하여 건축물을 더욱 두드러지게 하고 건축물답게 합니까?

빛은 세계의 본질과 구체화된 관계를 드러내 줍니다. 빛은 명암과 그림자 그리고 색채와 질감, 온도와 기억을 되새기고 감정을 살아 움직이게 했습니다. 세계는 그러한 보이는 아름다움으로 가득 차 있다는 것을 보여줍니다.

Sauerbruch & Hutton. Boehringer Ingelheim Laboratory.

그것은 사실 빛을 받아들이는 형태의 질감이고 유리의 발전에 의한 것이기도 했습니다. 조명기구와 빛을 조절하는 기술은 그것을 완벽하게 실현하는 듯 보여줍니다. 이제 그 성스럽고 숭고한 빛은 아름답고 인간적인 기술적이고 기능적인 예술의 표현이 되었습니다.

경복궁 침전

빛은 계절과 시간을 이야기하고 밤과 낮을 구분합니다. 그리고 빛은 그것을 경험하는 장소의 분위기와 감각에 영향을 미칩니다. 그러므로 빛은 세계의 모습과 향기를 바꾸어 놓고 그것이 가진 힘과 생기를 느끼게 합니다. 빛은 그처럼 우리의 많은 부분에 깊은 뿌리를 담고 있습니다.

빛은 형태를 부각시키고 형태의 음영을 통하여 생기를 불어 넣습니다. 그러므로 색채가 아닌 구조물의 역동적인 변화를 강조하고 건축물에 힘을 부여합니다.

Santiago Calatrava. City of Art & Science.

또한 빛은 질감을 강조하고 재료가 가진 본래의 모습을 강화시킵니다. 빛은 형태를 드러내고 그 형태가 갖는 속성을 분명하게 구체화합니다. 그것은 빛과 함께 그림자와 음영을 만들어내기 때문입니다.

Laurent savioz Architecte. Chamoson House.

종묘

빛과 그림자 그리고 그 단계적인 명암의 변화는 공간의 깊이와 질을 변화시킵니다. 공간을 꾸미고 드러내는 가장 근본적인 경계는 건축 구조물이지만 공간 자체를 구체화하는 것은 바로 빛과 음영입니다. 많은 건축가들이 그들이 보여주고자 하는 건축 공간을 실현하기 위하여 빛을 사용하였습니다.

창덕궁 대조전

Katubiyya Mosque. Marrakesh.

Zubayda Mausoleum. Baghdad.

빛은 오랫 동안 가장 숭고한 표현의 대상이고 염원이었습니다. 그 빛을 통하여 모든 사람들은 자신의 존재와 가치를 드러내고 동시에 전능함과 강력함 그리고 행복과 진실을 드러내는 가장 훌륭한 도구였었습니다.

빛은 가장 화려한 치장의 요소이고 형태와 장식, 재료와 질감, 공간의 크기를 부여하고 궁극적으로 미학적 감정을 부여할 수 있는 분위기를 창조합니다.

Pilgrimage Church. Zwiefalten.

L. I. Kahn. Yale Center for British Art. 1979.

Steven Holl.
New Residence at Swiss Embassy. 2006.

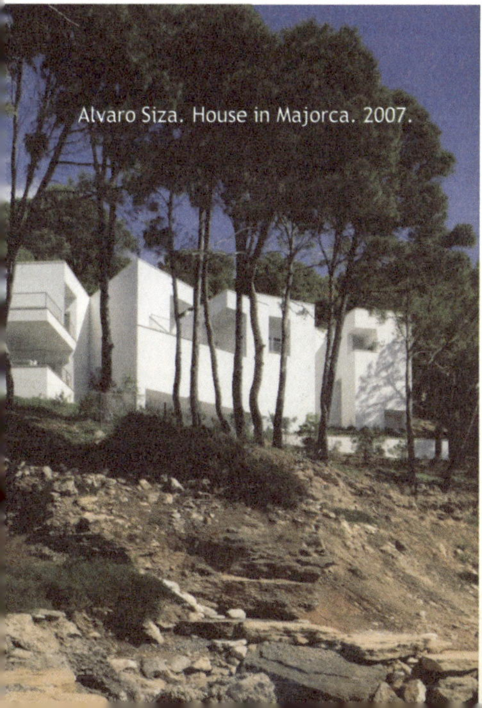

Alvaro Siza. House in Majorca. 2007.

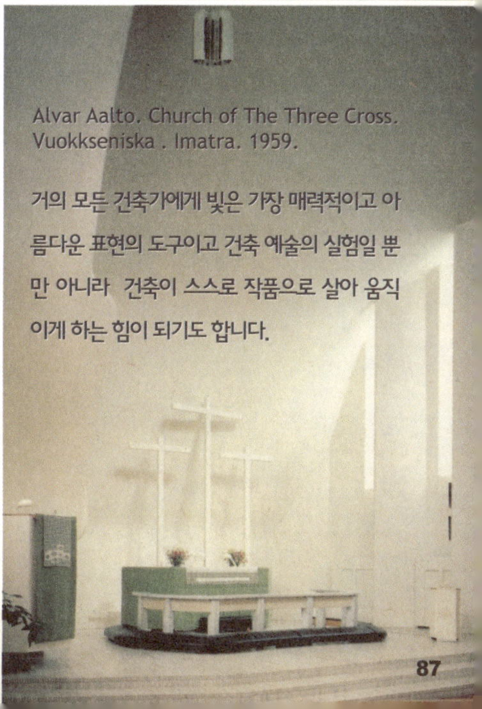

Alvar Aalto. Church of The Three Cross.
Vuokkseniska . Imatra. 1959.

거의 모든 건축가에게 빛은 가장 매력적이고 아름다운 표현의 도구이고 건축 예술의 실험일 뿐만 아니라 건축이 스스로 작품으로 살아 움직이게 하는 힘이 되기도 합니다.

빛은 자연의 본질적인 이미지를 창조하고 그것을 드러내 보여 줍니다. 따라서 빛은 그 자체로 세계의 경험을 형성합니다. 동시에 우리는 그 밝음과 대조적인 어두움을 의식하고 있습니다. 그러므로 건축은 그러한 밝음을 표현하고 그것으로부터 강력한 효과를 얻기 위해 변화해 왔습니다. 빛은 인간이 가진 감각 가운데 시각을 활용한 가장 강력한 영향력을 미칩니다.

일상의 빛은 대지와 하늘의 날씨를 변화시키고 그 안에서 경험하는 인간의 정신에 변화를 일으킵니다. 흔히 말하는 날씨의 술어들... 즉, 어두운, 음침한, 밝은, 상쾌한, 멜랑꼴리, 무거운 등의 단어들은 실제로 상태의 묘사이기보다는 심리적이고 감정적인 서술에 가깝습니다. 그것은 바로 빛이 가진 시각적인 충격과 감정 그리고 한계를 확인해 줍니다.

건축의 형태는 빛의 그림자와 반사에 의하여 살아나고 힘을 얻습니다. 그러므로 건축물의 형태는 형태 구성의 원리 이상의 명암과 그림자 그리고 볼륨을 얻게 됩니다. 건축물의 디테일과 요소들, 몰딩, 요철은 바로 그러한 빛의 생명을 담기 위한 노력입니다. 동시에 형태는 그러한 또 다른 그림자의 윤곽으로부터 부상하는 가벼운 반사면에 의하여 율동성을 갖습니다.

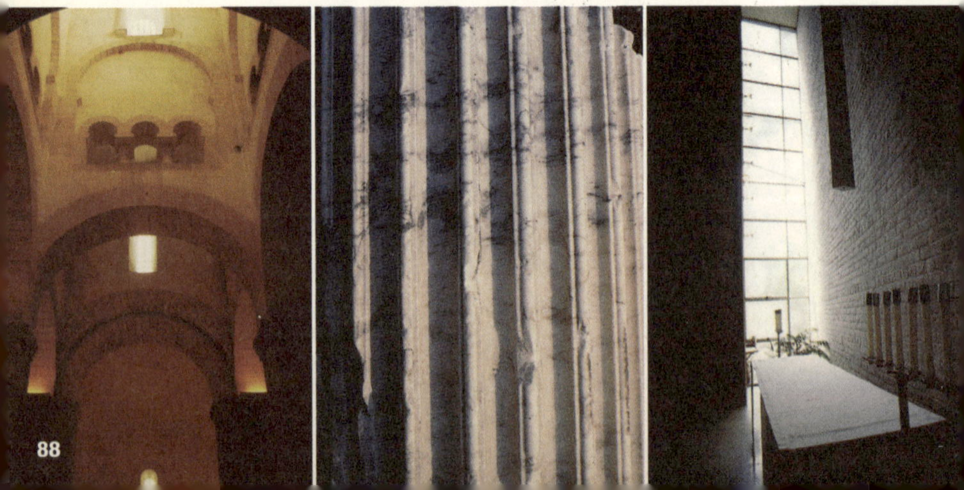

거의 모든 건축물은 빛을 들이고 조정하고 반사하고 경감하고 산란시키고 투영함으로써 내부공간에 의미를 부여합니다. 빛은 형태를 강조하기도 하지만 형태를 흐트러트리고 의미를 부여하고 감각을 예민하게 자극하기도 합니다.

빛은 시간과 계절을 담고 있습니다. 그리고 그림자의 움직임은 공간을 살아있게 하고 어둠으로 스며드는 빛은 공간을 쓸모있게 합니다. 그리고 그러한 빛은 그 공간에서 일어나는 일에 적절하게 통제됩니다. 미술관이나 도서관과 같이 빛의 정도와 장소에 따라 조절되어야 하는 경우도 있습니다.

인간은 누구나 빛의 영역에서 자신의 시각적인 능력을 발휘합니다. 그러한 능력을 발휘할 수 없는 어둠은 반대로 존재를 제한하고 자신을 잃는 두려움이고 거짓이라 여겨왔습니다. 공포, 허무, 지옥, 밤, 거짓, 악, 두려움 등이 동의어가 되었습니다. 미술관은 그러한 첨예한 감각을 자극하는 잘 조정된 형태를 가지고 있습니다. 여러 다른 형태의 창은 나름의 효과와 표현을 가지고 있습니다. 그러한 내부의 빛은 스스로 공간을 변화시킵니다. 빛은 그 자체로 이 세계의 존재 자체일 수도 있습니다. 빛은 구조를 드러내고 숨기기도 합니다. 사실상 빛은 우리 자신과 세계를 직접적으로 이어주는 연결 고리입니다.

Peter Zumthor. Brother Claus Field Chapel.

빛은 성스러움과 숭고함, 어둠과 의혹, 두려움과 깊이, 숨겨짐과 드러남을 함께 보여줍니다. 그러므로 빛은 언제나 이상적인 목적을 드러내면서도 그 반대의 숨겨지고 드러나지 않은 공간과 감각을 드러내 줍니다. 그러한 깊이와 변화에 의하여 우리는 명암을 이해하고 깊이를 얻게 됩니다. 그러므로 질감을 얻게 되고 대조적인 감각을 얻게 됩니다. 우리는 표면과 변화, 주름과 접힘, 거리와 은폐, 드러남과 숨겨짐, 경계와 영역, 틈과 개방, 열림과 닫힘, 소통과 차단, 시야와 조망을 얻게 됩니다. 그것은 단지 빛을 통해서가 아니라 빛을 드러내고 빛으로부터 드러나는 세계를 보여줍니다. 언제나 드러나는 하나는 숨겨진 또 다른 세계와의 거리와 정도를 이해하는 다리를 놓게 됩니다. 빛은 바로 어둠과의 다리를 통하여 스스로를 드러내는 것입니다.

그러한 감각은 우리가 살아있음과 존재하는 순간과 실체를 더욱 풍부하게 하는 수단이 되어 왔습니다. 빛은 모든 시각의 단초이고 시작입니다. 그러므로 시각을 통한 예술의 가장 바탕이 되는 요소이며 중심이 되는 테마인 것입니다.

Steven Holl. Chapel of st. Ignatius.

빛을 이해하고 그 효과와 감각, 정서와 본질, 생물학적인 반응과 관계, 빛의 역사를 이해하는 것은 건축의 표현과 의미로서 빛을 드러내기 위한 방법입니다. 많은 건축가들이 빛을 통하여 의미와 형식을 전달하고자 했습니다. 빛은 건축물이 가진 필연적인 형상과 재료, 내부의 공간을 구체화하고 더욱 고양시키는 방식이기 때문입니다.

진정한 시각적 질서로서의 비례는 무엇을 의미하였습니까 고대인이 바로 본 아름다움의 근거는 무엇이었습니까 그들은 무엇을 원하였습니까

세계의 깊이 Shading

명암과 그림자

형태는 형상 그리고 빛과 색채… 질감과… 재료의 결합으로 구체화됩니다. 그 내부에는 수많은 형상의 상세가 존재하고 패턴을 파악할 수 있습니다. 그 요철과 볼륨, 삼차원적 굴곡, 곡률은 형태를 부각시켜 줍니다. 그림자… 그 명암의 단계는 공간적 형태의 입체성을 강화하고 세부 묘사를 가능하게 합니다. 일반적으로 그러한 밝기의 정도 어두움의 정도를 명도라 합니다. 각각의 단계는 우리가 톤(tone)이라 부르는 정도의 단계를 보여줍니다. 어두움과 밝음은 서로 겹치고 정도를 달리하면서 형태를 제시하고 감각을 전달하는 훌륭한 매개체입니다.

빛이 가진 극적인 세계의 조명은 그 그림자와 명암에 의한 표현이고 숨겨진 이면의 표현입니다. 카라바지오와 렘브란트의 빛의 연구는 세계와 결합된 새로운 사실주의와 신비주의의 정신적이고 심리적인 측면을 부각시키고 존재하는 그대로의 사물에 새로운 생명과 영혼을 불어 넣을 수 있음을 확인시켜 줍니다. 바로크 시대에 와서 세계의 시각과 체계가 생겨났고 그것은 명암법을 기반으로 하는 세계의 구체화였습니다. 그리고 그러한 상태적인 변화와 의도에 따라 세계를 다르게 조명하고 감각하고 경험할 수 있다는 가능성을 열어 주었습니다. 그러므로 우리가 알고 있었던 세계가 더 풍부해지고 다양해지고 변화한다는 것을 의미합니다.

Correggio. Holy Night. 1530경.

Caravaggio. The Incredulity of Saint Thomas. 1603.

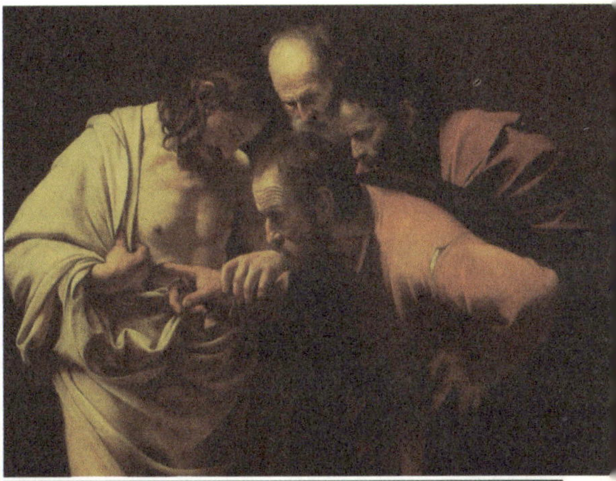

Rembrandt. Man with the Golden Helmet. 1650.

Gian Lorenzo Bernini. Ecstacy of ST. Teresa. 1652.

우리는 빛의 그림자와 명암의 변화를 통하여 형태의 생명력과 깊이 그리고 그 차이와 변화의 단계를 얻었으며 형태의 량과 부피의 변화를 얻을 수 있게 되었습니다.

창덕궁대조전

Steven Holl. NYU Department of Philoshopy.2007.

Steven Holl. The Nelson-Atkin Museum of Art. Kansas City. 2007.

Peter Eisenman. Holocaust Memoria.

동시에 세계는 새로운 깊이와 차이를 얻게 되었습니다. 아마도 세계의 변화와 세계의 계층과 권력, 사회의 분화가 사실적인 세계를 더 구체화시키는데 일조하였을 것입니다. 그것은 새로운 예술의 기법이면서 빛나는 색채와 그림자, 음영, 질감, 감각의 도전이기도 했습니다. 그러한 표현은 극적인 대조와 대립으로 비어있는 공간에 가상적인 변화와 역동성을 부여하고 상호작용을 유도하였습니다. 형태와 공간은 그 본질적인 실체 이상의 형상과 가치를 얻을 수 있습니다. 공간과 매스, 빛과 음영, 돌출과 후퇴, 비어있음과 차있음, 명암의 흐름, 단계들, 장식적 요소의 음영, 몰딩, 플류팅, 움직임, 운동감, 정지감, 파동, 곡률, 접힘을 통하여 빛으로 인한 새로운 세계의 층위를 구별하고 얻어낼 수 있습니다. 그러한 극적인 효과는 보로미니와 구아리니의 성당에서 분명히 확인할 수 있습니다. 그러한 빛으로 생겨나는 음영과 그 흐름은 공간과 형태에 무한한 율동을 부여합니다. 그것은 시각적인 연출이면서 동시에 아름다운 음악이고 시이며 공간의 파동이 될 수 있습니다.

우리는 빛을 통하여 세계를 확인하고 그 세계의 그림자를 통하여 살아있음을 드러냅니다. 그것은 형태가 가진 극적인 드라마이고 변화이고 양면성입니다. 살아있음과 생기있음은 바로 그 어두움의 극적인 대비를 통하여 존재의 차원을 가능하게 하는 것입니다.

덕수궁석조전

우리는 대상의 표현을 인식합니다. 그리고 그 표면이 갖는 시각적 촉각적인 감각은 무엇을 지니고 있습니까 그리고 무엇을 전달합니까

질감 형태의 생명과 감각 Texture

빛은 형태와 구조, 색상과 질감을 두드러지게 합니다. 그리고 건축은 그러한 세계의 시각적 능력으로 가늠할 수 있는 많은 요소들이 존재합니다. 우리는 대상이 갖는 성질을 만져서 느끼기도 하지만 그 기억을 시각을 통하여 얻거나 재현할 수 있습니다. 과거에 만져보았거나 들어보았거나 부딪치고 잡고 밀고 앉고 냄새맡고 두드리고 소리를 들어보고 다른 것과 함께 부딪쳐 봄으로써 더 많은 것을 알게 됩니다. 그것은 바로 겹쳐진 무수한 감각들을 형성하고 내용을 만들어냅니다. 우리는 거의 모든 형용사적 술어들로부터 특성을 얻어낼 수 있습니다.

우리가 저절로 알고 있는 듯한 많은 감각의 내용들은 수 많은 시간 동안 누적되어 온 강력한 정보입니다. 건축은 거의 모든 삶의 무대를 담고 있습니다. 그것은 이 삶이 담고 있는 모든 감각들과 경험 그리고 그 이해를 담고 있는 것이기도 합니다. 그것이 바로 우리가 이해하는 삶의 풍부함입니다. 그것은 우리가 탐험하는 외부 세계의 본질이기도 합니다. 동시에 그러한 경험은 우리 신체와 정신 내부에 새로운 세계를 창조합니다. 그것은 새로운 감각의 세계입니다. 나의 육체와 신경이 둘러싸고 있는 외부와의 경계... 신체의 표피는 눈이고 촉각이고 향기이고 깊이이고 분위기입니다. 그것이 창조하는 세계가 바로 우리의 몸으로부터 시작되는 세계의 공간입니다. 우리가 감싸고 있는 표피는 세계의 또 다른 눈이고 세계 구축의 탐침입니다. 그것은 무수한 사건이고 삶의 내용이고 기쁨이 됩니다.

감각은 우리가 세계를 얻고 이해하고 판단할 수 있는 최초의 접근 방식이며 세계를 볼 수 있는 창입니다. 그러므로 우리가 얻는 세계의 창은 세계를 드러나게 함과 동시에 나 자신의 위치와 한계를 분명하게 합니다. 세계의 구축은 바로 나의 구축과 다르지 않은 것입니다.

세계의 무게, 힘, 탄력, 율동, 거침, 두드러짐, 균형, 기울기, 아슬아슬함, 어지러움, 단단함, 반복, 리듬, 부드러움, 밝음,… 사실 이 모든 감각의 질감은 물질이 가지고 있는 생명력이고 우리는 건축에서 그것을 표현하고 전달하고자 합니다.

무수한 재료와 그 질감을 이해하는 것은 건축의 재료가 전달하는 인간의 감각을 이해하고 그것을 통하여 대상이 갖는 상호작용을 유도할 수 있다는 것입니다.

질감은 가장 강력한 표현의 도구이기도 합니다. 인간의 삶에서 감각이 가져다 주는 풍요로움을 확대하고 건축물이 가진 의미와 다면적인 가치를 보여줄 수도 있습니다. 질감을 이해한다는 것은 더 넓은 디자인의 선택을 얻는 것입니다.

3. 새로운 세계의 창조

우리는 무엇인가를 기대하고 그것에 대한 감각을 요구합니다. 또한 표현하고 이해하고 그 정보를 통하여 더 많은 내용을 담고 있는 대상을 발견합니다. 우리는 감각체입니다. 우리는 본질적으로 환경과 소통하고 통일된 세계를 구축하고 상호소통하고 불완전함과 카오스적 세계에 노출되어 있습니다. 우리는 이 세계의 모든 것을 보고 느끼고 감각합니다. 그것을 통하여 지각, 인지, 성찰, 관조합니다. 우리가 살아간다는 것은 바로 이러한 총체적 세계의 내재화이고 관계이고 상호작용입니다. 그것은 직접적일 수도 있으나 간접적일 수도 있습니다.

예술로서의 건축은 바로 그러한 세계의 여러 단면들을 감각을 통하여 이해하고 그 영역을 확대하는 것입니다. 여기에서 드러나는 세계는 인식의 주체이고 감정과 감각을 지닌 우리 자신이 찾고 이해하는 세계입니다. 동시에 스스로 구축하는 세계입니다. 세계는 누군가에게 나타난 무엇입니다. 세계가 대면하고 있는 이식 주체의 조건들에 의하여 드러나는 내용으로서의 세계입니다. 우리가 가진 눈과 코, 귀, 입, 촉감, 팔, 다리, 내장, 머리카락, 가슴, 배, 성기, 항문, 발가락, 손가락, 털... 이것으로 경험하고 연결시킬 수 있는 세계의 본질입니다.

종종 우리가 사는 여러 세계는 수많은 사람들에 의하여 충돌하기도 합니다. 그것은 물론 예술로서의 세계가 보여주는 건축에서도 마찬가지입니다. 우리는 신체를 통하여 현실의 세계를 지각하고 그것으로 세계를 믿고 확인합니다. 우리가 생각하는 세계가 바로 배우고 느끼고 지각하는 세계의 평가와 체계로 이루어지는 그 자체입니다. 그러나 우리는 그 이상을 꿈꾸고 있습니다. 그것은 더 높은 사고와 감각을 통하여 새로운 세계를 창조하고 실현하고자 하는 욕구입니다.

이 세계의 양상은 무엇으로 확인됩니까 우리가 이해하고 판단하는 이성적 세계와 또 다른 감각의 세계가 다른 층위를 이루고 있습니다. 그것은 어떠한 세계의 구조를 지니고 있습니까 우리는 왜 새로운 세계를 창조합니까

감각 너머의 세계로

예술은 바로 그러한 새로운 세계를 창조하는 창이고 작업이고 과정입니다. 그것은 한 개인의 삶일 수도 있고 스튜디오에서 이루어지는 작업일 수도 있습니다. 그러나 그것은 단지 존재하는 것을 탄생시키는 것을 넘어서 존재하고 확대될 수 있는 세계를 창조하는 것입니다. 그 세계는 인간의 능력이 가진 가장 뛰어난 창조물입니다. 그것은 사실상 새로이 존재하기 시작하는 상상의 세계입니다. 그것이 가진 가장 큰 힘은 영감, 상상, 공상, 허상, 망각과 같은 수많은 연상작용과 관계있는 것입니다. 그러한 예술작품에는 거대한 사고와 상상 그리고 감각의 세계를 느낄 수 있는 문이 열려 있습니다. 그것을 우리는 우리 자신의 내면으로 이해합니다. 그것은 이미지 작용일 수도 있습니다.

우리는 시간을 통하여 새로운 존재를 생성합니다. 우리가 그러한 세계와 함께 변화함으로써 살아있음을 느끼게 합니다. 그렇게 보면 예술은 항상 깨어있음을 요구합니다. 마치 종교나 훌륭한 철학, 과학자의 연구, 정치가와 삶의 선구자들이 일깨우고자 했던 모든 것과 같은 그러한 깨어있음입니다. 결론적으로 살아간다는 것이 갖는 가장 훌륭한 생성, 지속, 과정, 사건의 주체 확대입니다. 이것은 니체, 베르그송, 화이트헤드, 들뢰즈의 철학에서 이야기하는 시간을 통한 과정과 사건입니다.

우리에게 이 세계는 사건과 그 사건을 둘러싼 내용들의 세계입니다. 하나의 사건은 이미 새로운 무엇인가이고 그것은 드러나고 표현되고 개념화됩니다. 그러므로 우리는 어떠한 사건을 하나의 개념으로 잡아둘 수 있게 됩니다. 그리고 다른 무엇과도 구별할 수 있습니다. 우리가 보고 있는 건축의 무대는 무한한 사건을 생성하고 그것으로부터 감흥을 불러 일으킵니다. 여러 사건들은 적당하게 구별되고 그 내용이 구분되고 그러므로 건축물을 여러 종류로 나누고 제 모습과 공간을 드러냅니다. 그것은 우리 자신의 주체적인 대립이기도 합니다. 우리가 그것과 맞서고 새로이 감각하고 이전의 것으로부터 벗어나 새로운 마찰을 일으킬 때 세계는 새로이 구축됩니다. 예술은 그러한 새로운 세계와 접촉을 요구합니다.

우리는 세계에 던져져 있고 그것은 언제나 선택된 것이 아닌 일방적인 여건입니다. 태어나고 싶어 그러한 것도 아니고 성장하고 싶어 나이를 먹는 것도 아닙니다. 그러나 그것을 나의 것으로 만들고, 가치있게 하고, 나의 삶에 수용하는 것은 개인의 역량입니다. 그것은 새로운 현실이고 우리가 그것을 통하여 얻는 것은 더 풍부하고 자유로운 영혼입니다. 바로 살아있음을 더 가치있게 하고 행복하게 하는 것입니다. 그러한 주관적인 세계의 창조는 이미 있는 객관적인 세계에 흥분되는 열정을 불러옵니다. 건축이 무감각한 무대가 아닌 열정적인 삶의 배경이 되어야 하는 것도 바로 그러한 이유입니다.

건축은 우리를 행복하게 합니다. 우리는 그 안에서 새로운 자유와 해방을 얻습니다. 우리는 새로운 건축을 창조하고 그 안에서 우리의 새로운 세계와 삶을 창조할 수 있습니다. 이 세계는 우리가 개척하고 확대하는 것입니다. 그것은 바로 예술로서의 건축이 가진 가치이고 힘입니다.

Rem Koolhaas. Seattle Central Library. 2004

진정한 시각적 질서로서의 비례는 무엇을 의미하였습니까 고대인이 바로 본 아름다움의 근거는 무엇이었습니까 그들은 무엇을 원하였습니까

Color

색채로 이루어진 신화적 우주

고대로부터 가장 아름다운 것은 바로 색채였습니다. 그리고 색은 생명을 지닌 열정이고 인간의 가장 고조된 형식미를 대변하고 다른 드러나지 않은 대상의 색채와 구별된 차원을 제시하는 상징이었습니다. 거의 모든 세계의 고고학적 유물들, 건축, 회화, 장식, 조각, 도자기, 직조물들은 매혹적인 색채로 치장되었습니다. 사실상 르네상스에 이르기까지 인간의 마음 속의 상징, 신비, 마법들은 모두 신성한 것이고 신비주의자, 성직자, 연금술사의 치장이고 부적이며 믿음이고 삶, 신, 죽음, 비, 태양, 신화, 전쟁, 수확과 같은 중요한 인류의 문화적 관습과 관계를 지니고 있습니다.

또한 자연의 모든 생물들이 자신의 색을 드러내고 변화시키고 과장하고 사라지기도 합니다. 인간은 수많은 색채에 비유되는 삶의 방식들을 가지고 있고 그 색을 느끼고 적용하는 감각을 가지고 있습니다. 오랫 동안 우주는 여러 원소를 가진 조화이며 그 각각의 원소 역시 색으로 대별되었습니다. 그것은 동양과 서양이 공통적으로 가진 동일한 세계관이었습니다. 색채는 우주의 신비로운 비밀이기도 하고 그 존재의 원소들이기도 했습니다. 또한 동양의 음양오행은 색채와 일체화되었고 세계의 방향과 그 기운과 질서를 보여주는 원리에 속해 있습니다. 이처럼 색채는 보여지는 빛깔이 아닌 근본적인 질서 중 하나였습니다.

16세기 이 세계의 구성요소와 빛의 관계를 보여주는 도해. 붉은 새벽은 검은 밤과 흰 낮 사이에 존재합니다. 그리고 붉은 새벽은 밤의 끝이고 낮의 시작이며 태양의 어머니입니다. 가장 붉다는 것은 완전한 어두움의 끝이고 밤의 종말입니다. 괴테의 색채 이론에 따라서 자주빛은 모든 색채에 대하여 우위에 있다고 보았습니다.

성경에서 세계 창조에 의한 순위를 보면 인간은 마지막에 창조되었습니다. 가장 현명한 창조자는 그의 창조성을 마지막 날 인간에게 불어 넣었으며 그것은 또 다른 세계 창조의 시작으로 보았습니다. 여기에서 신의 창조물은 파랑, 황색, 붉은색, 녹색, 흰색으로 지정되어 있습니다. Gregorius Anglus Sallwigt. Opus magocabalisticum, 1719

음양 오행과 색채 그리고 방위의 관계

요 소	색 채	방 위	상 징
목(木)	녹(綠)	동(東)	자손, 평화
화(火)	적(赤)	남(南)	행복, 기원
토(土)	황(黃)	중심	권력, 부
금(金)	백(白)	서(西)	평화. 순수
수(水)	흑(黑)	북(北)	슬픔, 불운

우리나라의 전통적인 색채 계획은 상징과 실제적인 목적 모두를 참조하여 디자인되었습니다. 중요한 구조적 요소로서 목재를 사용하였기 때문에, 유성 도색을 하는 이유는 두 가지의 목적, 충해로부터 보호하고 부식되는 것을 막기 위함이며 또한 색채와 상징적 가치를 사원에 부여하기 위함이었습니다. 색채의 선택은 음양(陰陽) 조화의 원칙을 기초로 하였으며, 사원의 모든 부분은 잘 계획된 색채가 적용되었습니다. 흔히 오방색이라 부르는 것은 이러한 색채를 사용한 것이었습니다. 적용된 색채는 거주자들의 목적에 적합한 영향을 미친다고 믿었습니다. 왕의 사원의 주요한 색채계획은 황금색이었습니다. 여러 치장에 붉거나 혹은 다른 녹색을 사용하였습니다. 색채는 우주의 음양의 대립을 통하여 그리고 오행설에 근거하여 표현되었습니다.

지붕, 천정, 보, 벽체, 기둥 그리고 마루에 적용된 전통적인 색채를 갖는 장식적인 모티브는 다섯 개의 주요한 범주로 나누어지며 이 범주는 동물, 식물, 자연현상, 기하학, 전설의 테마 등을 기초로 하고 있습니다. 그 대표적인 것은 단청입니다. 단청은 목재표면에 바르는 칠공사의 하나로서 건축물을 보호하면서 건물의 격과 쓰임새를 보여줍니다. 문양은 화재와 잡귀를 막고 상징적인 의미를 담고 있습니다.

경복궁 근정전 단청과 십이지상

조선시대에는 천연안료를 사용하여 단청을 채색했습니다. 건물에따라 가칠단청, 긋기단청, 모로단청, 금단청 등으로 구분했습니다. 그러한 색채는 건축물의 의미와 위상을 드러내는 것이었습니다.

색채는 빛의 또 다른 생명의 상징입니다. 그리고 가장 두드러진 몇몇의 색채가 이 세계의 비밀스러운 원리처럼 여겨져 왔습니다. 그러므로 색채는 인간을 대신하고 인간의 감각을 표현하기도 하며 기분과 감정, 세계의 원소, 하늘과 땅, 동서남북의 방위와 상징, 신의 색채를 보여줍니다. 이집트의 태양신 라(Ra)와 오리시스는 태양 그 자체였습니다. 그것은 황금이고 노란색, 붉은색이기도 했습니다. 또한 솔로몬(Sol-om-on)이라는 이름은 태양을 다르게 부르는 3가지 이름이었고 그리스의 아테나(Athena) 여신은 황금으로 묘사되었으며 주신 디오니소스(Dionysus)와 수확의 여신 세레스(Ceres)는 붉은색에 비교되었습니다. 그처럼 신은 색채로 상징되었습니다.

불교의 경전에서 부처는 노란색이나 황금색이었고 그의 몸에서 나온 각종 색깔이 솟아나왔다고 적고 있습니다. 그것은 구약과 신약의 성서에도 마찬가지입니다. 청색, 자주색, 주홍색, 금, 은, 자색, 홍색 등이 언급되어 있으며 무엇보다도 하느님은 청색이었습니다. 또한 무지개이자 빛으로 불리웠습니다. 그리스도는 녹색의 에메랄드에 비유되었습니다. 벽옥, 홍보석, 녹보석이 지칭되었으며 동정녀 마리아는 노란색과 관계가 있습니다.

Greece. Doric style의 채색

Karnak. Egypt Temple의 채색

Pompeii의 집 채색

색채는 나아가 우주, 태양, 항성, 혹성에 적용되었으며 그 색과 형상 등은 모든 삶을 조정하고 있으며 신비한 주술과 우주의 비밀을 보여주는 표식으로 여기고 있었습니다. 헤로도투스는 엑바타나(Ecbatana)의 지구라트(Ziggurat)에 관하여 언급하였습니다. "원형석벽의 수는 7개이며 왕궁과 보물창고는 가장 내부의 원 속에 위치해 있고 외벽 둘레는 아테네 신전과 흡사하다. 총안이 있는 흉벽은 흰색이며 다음은 검은색, 다음은 진홍색, 네 번째 벽은 파란색, 다섯 번째는 주황색이다. 이들은 모두 채색되었고 마지막 흉벽은 각각 은색과 금색으로 입혀져 있다. 이 성채는 데이오시스(Deioces) 자신을 위한 왕궁이었다."

그것은 바로 인간이 스스로를 드러내기 위한 세계의 신비스러운 상징이고 믿음이며 의미들이었습니다.

색채의 실험, 감각세계의 확장

Cecil Balmond. Coimbra Rootbridge. Portugal. 2006.

어느 순간 모든 종교적이고 상징적인 색채는 자연에 깃든 신비한 비밀이 아니라 개인이 자유롭게 선택하고 표현할 수 있는 것이 되었습니다. 그러나 여전히 색채는 인간의 감정과 신화적 세계의 비밀을 고스란히 옮기고 있었습니다. 예술가들과 기술자들이 선택한 색채는 보여지는 대상과 동시에 그 색이 담고 있는 의미와 감각 그리고 고대로부터 전해지는 은밀한 내용들을 옮기고자 하는 것이었습니다. 그러한 색은 우주의 진실에서 인간이 보고 느끼는 세계로 전환되기 시작했습니다. 그러면서 더 풍부한 세계를 창조하기 시작했습니다.

세계 대부분의 지역에서 색채는 비밀스러운 힘을 담고 있는 것으로 보았습니다. 7개 행성은 각각의 색을 가지고 있었고, 검은 색의 토성, 자주색의 목성, 붉은 색의 화성, 노란색의 태양, 녹색의 금성, 파란색의 수성, 하얀 달을 믿고 있었습니다. 그리고 우리는 여전히 황금기(Golden Age)를 일컫고 가장 강력한 권력의 주인은 자신만의 색을 선택하였습니다. 로마의 황제는 목성(Jupiter)을 의미하는 자주색의 옷을 입었으며 중국의 송왕조는 갈색을 명왕조는 녹색을 청왕조는 황색을 황제의 색으로 선택했습니다. 인도에서는 브라만, 크샤트리아, 바이샤, 수드라의 네 계급이 인간의 신체로부터 탄생하고 그들은 각각, 흰색, 빨강, 노랑, 검정을 그들 계급의 색으로 선택했습니다. 피는 붉고 값진 것이며 열정이었습니다.

르네상스는 색채의 논의로 시각적 세계와 회화의 모습과 질을 바꾸어 놓았습니다. 르네상스의 거장들, 레이놀즈, 괴테, 들라끄르와, 인상파, 야수파, 그리고 칸딘스키에 이르는 많은 사람들이 자신이 보고 있는 빛의 세계를 연구하고 표현하였습니다. 그것은 형태와 색채를 바꾸고 생명을 부여하고 의미를 변화시켰습니다. 색채는 그 자체로 살아있는 표현의 대상이고 인간의 감각을 꿰어 당기는 매력적인 도구가 되었습니다.

고대로부터 어느 건축물이나 그것이 숭고하고 훌륭하다면 채색되어야만 했습니다. 그러한 밝게 다채색된 건축을 경험하던 것이 르네상스와 개혁의 패러다임을 거쳐 변화하게 되었습니다. 색채 분화와 건축적 형태는 18세기 후반의 새롭고 본질적인 디자인 태도에 의하여 심화되었습니다. 예를 들어, 1750년과 1800년 사이의 프랑스 혁명시기의 건축은 지나치게 단순한 형태에 의하여 특성화되었습니다.

이 시대의 가장 장관을 이루는 발명적인 건축가 중 둘은 불레(Etienne-Louis Boullee)와 르두(Claude-Nicholas Ledoux)였습니다. 둘은 건축적인 관습을 조롱하고 거의 순수한 수학적인 개념으로부터 그들의 형태를 유추하였습니다. 전형적인 이러한 혁명적 스타일이 1784년에 디자인된 불레의 구체 기념비였습니다. 그것은 계몽시대의 영웅들 중 한 사람, 뉴튼(Sir Isaac Newton)에게 바쳐진 것이었습니다. 여기에 형태가 가지는 극한의 의미에 대한 고려는 색채를 거부하고 있으며, 20세기 초반의 엄격한 기하학적 특성의 무채색적인 전조를 제시하고 있습니다. 그리고 이것은 인터내셔널 스타일(International Style)로 이어졌습니다.

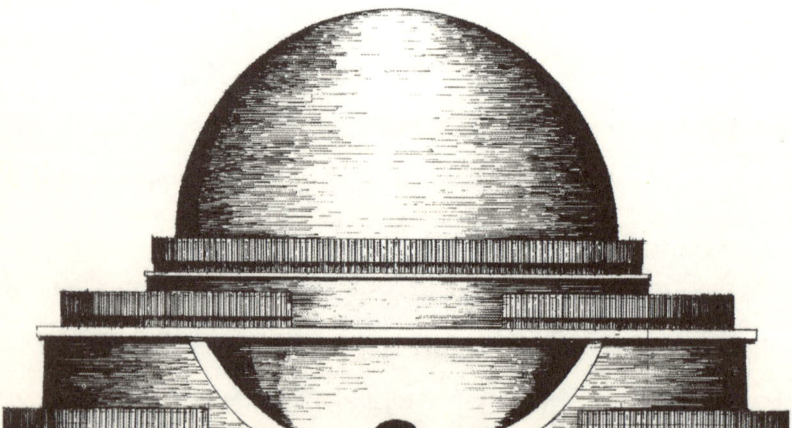

Etienne-Louis Boullee. Isaac Newton Monuments.

색채에 대한 이론적인 실험과 뉴튼 광학의 추상적인 수학으로부터 해답을 풀어내려는 그의 시도로 유명하였던 괴테(Johann Wolfgang von Goethe)조차도 1777년 무채색의 제단을 디자인하였습니다. 이 제단은 석재 입방체 위에 순수한 반구가 올려져 있었습니다. 빈터투어 기술고등학교(Winterthur Polytechnic)의 베르너 스필만(Werner Spillmann) 교수에 따르면, 이것은 색채와 형태의 분리에 있어서 이정표를 의미하는 것이었습니다. 형태의 근본적인 순수성을 실현하기 위하여, 디자이너들은 오늘날 더 이상 다색성에 의존하지 않습니다. 그것은 색채가 순수하고 유연한 형태의 추상적인 개념을 방해하는 것처럼 여긴 것입니다.

러스킨은 관찰자의 마음에 의하여 채색되어져야 하는 개념으로서의 형태를 중요시 하였습니다. 실제로, 그는 건축적인 색채는 그 형태와 함께 고정되어야 하는 것으로 규정하였습니다. 러스킨은 건축을 어떠한 경우에도 색채가 없이는 완전한 것으로 여길 수 없다고 인정하였습니다. 그럼에도 불구하고 그는 건축재료를 채색하는 것은 진정한 기술을 필요로 하는 것이며 재료의 본래 색상에 의지하는 것이 더 나은 것이라 제안했습니다. 러스킨의 중심적인 색채이론은 여전히 오늘날에 널리 통용되고 있습니다. 더 나아가 건축적인 환경에서 적용을 위한 자유로운 색채를 만들기 위하여 시도하고 있습니다. 이러한 시도 중에서 가장 중요한 것은 20세기 초 색채의 정신생리학적(psychophysiological) 영향에 관한 연구에서 이루어낸 발전과 일치하였습니다. 색채의 경험은 오늘날 오직 그 눈만의 감각이거나 대상의 속성만은 아니라 알려져 왔습니다. 그 반대로 두뇌의 수정작업이 관계하는 복잡하고 통합된 프로세스로 여겨집니다. 또한 화가의 캔버스에 한정되어 왔기 때문에 색채의 전문적 평가들은 전통적으로 2차원적 현상으로 연구되어졌습니다. 그리고 새로운 예술가 디자이너의 세대들이 3차원적 그리고 4차원적 차원의 영향에 마음을 쓰게 되었습니다.

초기 실험은 1913년 러시아에서 시작되었으며 후기 인상주의(Post-Impressionism)와 야수파(Fauvism)에 의하여 동시에 일어난 대조적 이론들은 새롭고 동력학적 색채언어로 발전되었습니다. 오브제의 자연적인 외관에 대한 절대주의자(Suprematist)가 거부한 것 중 하나는 '색채의 역학(color kinetics)'이 보충적인 색조(complementary hues)에 있어서 고유한 것으로 여기는 것이었습니다. 그 색조는 색채역학에 의한 결과적인 에너지 혹은 '역학적 과정(dynamism)'으로 여겨졌습니다. 이 역학적 과정(dynamism)은 서로 다른 파장이 다른 속력으로 지각되면서 전달되는 동적 과정입니다. 그러므로 운동의 결과라 할 수 있습니다. 그러나 절대주의자의 역학적 과정을 개척한 카시미르 말레비치(Kasimir Malevich)는 이러한 현상이 색조보다는 오히려 다른 조건들에 의하여 영향을 받는다고 주장하였습니다. 사실, 말레비치는 색채와 형태는 어떠한 직접적인 관계도 없다고 믿었습니다.

독일인 몬드리안(Piet Mondrian)에 의하여 거의 동시에 이루어진 실험들은, '큐비스트(Cubist) 그림의 해부된 구조들'을 '신조형주의(Neo-Plasticism)의 형태의 논리적 추상적 결론'으로 확장하였습니다. 말레비치와는 달리 몬드리안은 그의 색채 실험을 배타적으로 회화에 제한하였으며, 격자 평면의 추상작품에서 붉은색, 파란색, 노란색의 근본적인 색조를 실험하고자 하였습니다. 그럼으로써 색채의 역사적인 연관은 모두 사라지게 되었습니다. 그럼에도 불구하고 몬드리안의 작품은 그 자체로 건축의 한 부분을 구성하였습니다. 그러나 바르트 반 데르렉(Bart van der Leck), 테오 반 데스부르그(Theo van Doesburg), 게리트 리트벨트(Gerrit Rietveld)와 같은 데스틸 (De Stijl) 디자이너들에게 영향을 주기 시작한 것은 그 기능 없는 이상적인 형태였습니다.

Paul Gauguin. 백일몽. 1897.
Wassily Kandinsky. 카자크인들. 1911.
Henri Matisse. 후식. 1908.

이들 아방가르드는 새로운 세계를 내다 보고 있었습니다. 또 그들은 창조하였습니다.

Paul Jackson Pollock. No.3. 1950.
Pablo Picasso. 바이올린과 포도. 1912.

Piet Mondrian. 빨강,검정,파랑,노랑,회색의 구성. 1920.

Piet Mondrian. 빨강,검정,파랑,노랑,회색의 구성. 1920.

Mark Shagal 첼로 연주자. 1939.

Kasimir Malevich

Theo van Doesburg, composition XVI. 1925.

Gerrit Rietveld. Red and Blue Chair. 1919

Gerrit Rietveld. Schroder House. 1924

사실상 그들은 색채와 그 형태의 실험을 함께 진행하였습니다.

회화적 색채실험의 영향은 초기 모더니즘 건축가에게 이어졌습니다. 리트벨트의 슈레더 하우스 Schröder House 는1917년 세워졌으며, 검정색, 흰색, 회색의 비색조에 반대하여, 붉은색, 파란색, 노란색의 세 가지 근원적인 색조의 도움으로 지어졌습니다. 그는 근원적인 색조를 내적 입면과 외적 입면의 척도를 지각적으로 재조정하고 그 부분마다 색조를 사용하였습니다. 필요에 의하여, 리트벨트는 전체 건축물의 판들을 채색된 칸막이로서 조절하는데 색조의 전진성과 후퇴성을 사용하였습니다. 다시 말하면, 건축 구성의 균형을 수정하기 위하여, 형태에 부여되는 특성으로 여긴다는 것입니다.

두 번째 접근은, '건축에서 최적의 색채적용(best application of colour in architecture)'이라는 리트벨트에 의해 기술된 것입니다. 즉, 색채를 사용하는데 '무채색의 형식적 구성 요소인 회색조'를 그 회색조와 부합하는 색조를 사용한 빛으로 전환하는 것입니다.

그들의 철학적인 차이에도 불구하고 테오 반 데스부르그(Theo van Doesburg)와 꼬르뷔제(Le Corbusier)는 다양한 색채가 적용된 풍부한 건축을 상상하였습니다. 테오 반 데스부르그는 다음과 같이 썼습니다. "새로운 건축은 장식에 반대 합니다. 색채가 건축을 구체화시켜야 한다는 것을 누가 믿지 않을까 ? 색채는 장식품도 장식도 아닙니다. 건축적 표현의 유기적인 요소입니다."

르 꼬르뷔제의 단색적인 창조에 의하여 증대된 잘못된 사실과는 반대로 그는 색채의 강력한 노래를 사랑했습니다. 특히 그는 입면의 백색 콘크리트와 대항하여 밝은 채색작업을 삽입해 넣는 것을 좋아했습니다. 그의 거대한 프로젝트에서 꼬르뷔제는 외피의 움푹 들어간 요철의 리듬을 강조하기를 좋아했고 밝은 색조를 사용하여 내부와 외부를 구분하고자 하였으며 발코니의 연계공간에서 빗겨나가는 태양광으로 엷은 색조를 띠게 만들었습니다.

Le Corbusier. Ronchamp.. 1954.

이러한 수법은 마르세이유(Marseilles)의 위니테 다비따시옹 Unite d'Habitation)과 라뚜레뜨 수도원(La Tourette monastery)의 지붕과 벽체의 깊은 후퇴에서 사용되었습니다. 꼬르뷔제의 내부공간과 외부공간에서 색채를 사용하는 관계는 매우 흥미롭습니다. 왜냐하면, 입면의 주된 색조와 얇은 백색을 대조시키고 있는데, 내부공간 계획은 순수주의 회화로부터 직접 얻어왔으며, 소박하고 가녀린 적갈색, 황갈색, 녹회색으로 배열해 놓았기 때문입니다. 그의 회화적 수법은 예술가이자 색채 이론가였던 오장팡(Henri Ozenfant)과의 협력을 통해 창조된 것이기도 했습니다.

리트벨트와 마찬가지로, 르꼬르뷔제는 색상을 건축적 형태와 공간의 경험을 조절하는 수단으로 접근하였습니다. 색채는 볼륨을 조명하고 표면을 확장시키기 위한 디자인 프로세스의 목적으로 사용되었습니다. 1927년 이러한 다채색 화법은 절대적으로 새로운 것이었고 본질적으로 합리적인 것이었습니다. 건축 구성에 있어서, 색채는 극한의 생리학적 작용의 힘을 부가하였습니다. 볼륨, 표면, 환경, 색채의 생리학적 감각을 조화롭게 배치함으로써, 열정적인 서정시(lyricism)를 완성하였습니다.

Michael Graves. Prtland Public Services Building. 1982.

Georges Braque. The Portuguese. 1911.

Pablo Picasso. Seated Woman Playing the Mandolin. 1911

색채의 실험은 그 색채를 담고 있는 형태의 실험과 함께 이루어지고 그 색채의 배경과 영역

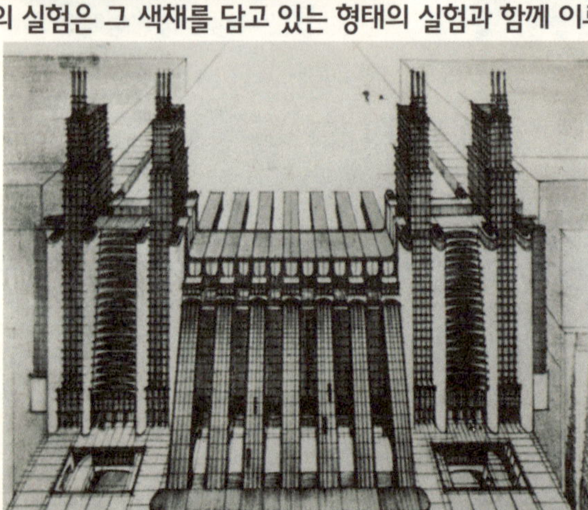

Antonio Sant'Elia. Vision of Future City. 1914

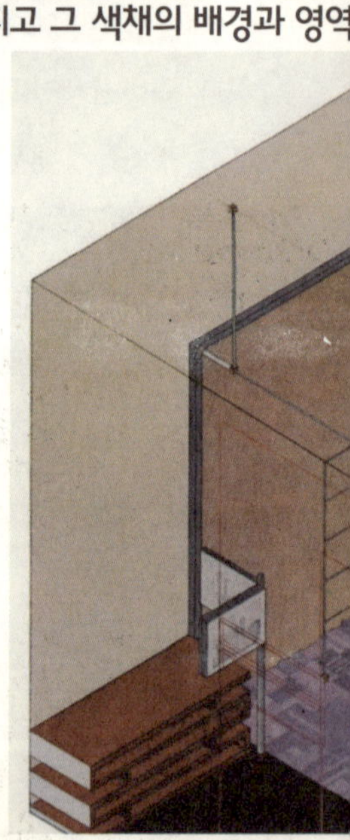

그것은 인간이 가진 감각과 이성으로 파악할 수 있는 넓은 지평이었습니다. 결과적으로

Sonia Dalaunay. Color Plate From composition s.1931

Piet Mondrian The Red Tree. 1908.

그리고 효과들을 함께 실험하는 것이었습니다. 그들은 더 큰 미학적 세계로 나아갔습니다.

Piet Mondrian The Grey Tree. 1908.

G. Guevrekian. Salle d'Exercuses et de Massage. 1929

새롭게 감각할 수 있는 형상과 오브제와 환경을 창조하는 것은 세계를 창조하는 것입니다.

Piet Mondrian Blooming Apple. 1908.

1980년대까지 포스트 모더니스트 운동은 사실 그대로의 색을 사용하는 것을 확립하였습니다. 이 색들은 과거 건축의 기억들을 밀어 넣음으로써 재료들을 변화시킬 수 있었습니다. 또한, 이러한 건축 환경과 건축적 형태를 통합시키기 위한 시도로서의 색채장식적인 표현들을 만들어냈습니다. 개별적인 디자이너의 작품에서 이러한 다양성을 발견할 수 있는데 예를 들어, 존 오트람(John Outram)의 뉴하우스(New House)에서 채색된 콘크리트에 관한 그의 에세이에서와 마찬가지로 오트람의 역사건물(Isle of Dogs Pumping Station)에서 익살스러운 고전의 참조는 강하게 채색된 서섹스(Sussex)의 풍경과 조화를 만들어내기 위하여 사용되었습니다.

1980년대는 또한 세밀한 색채부흥의 총체적인 연속이 생겨났습니다. 자하 하디드(Zaha Hadid)와 테리 파렐(Terry Farrell)은 각각의 내용들을 절대주의자(Suprematist)와 아르데코(Art Deco)의 색채구성으로부터 빌려 왔습니다. 색채와 형태의 관계에 대한 더욱 관대한 태도는 마이클 그레이브스(Michael Graves)의 작품과 언어에서 발견할 수 있게 되었습니다. 그러한 색채는 고전적 상징으로부터 현대적 감각으로 변화해 갔습니다.

Terry Farrell. Vauxhall Cross. 1992.London

마이클 그레이브스는 색채의 테마적인 바탕이 형태의 주제와는 같지 않다는 것을 제안하였습니다. 첫 번째로, 형태의 전통적 고전적 토대는 두 가지 원천으로부터 유도되었는데 자연(nature)과 인간애(humanity)로부터 얻어졌습니다. 즉, 인간 신체로부터 나온 분할, 조화, 기하학으로부터 이끌어낸 질서를 사용한 것입니다. 마찬가지로 바닥면은 지면을 대변하고, 천장은 하늘을 의미하며 기둥은 나무를 대신하였습니다.

색채의 고전적인 언어는 인간애(humanity)로부터가 아니라, 자연과 자연의 재료로부터 유도되었습니다. 이러한 의미에서, 색채는 자연을 참조하거나 혹은 또 다른 자연적인 결과를 참조할 수 있었습니다. 표면이 블록을 암시하고자 채색된 테라코다에 대한 첫 번째 반응은, 종합적인 평가에 의하여, 블록으로 집중될 것이며 색채에 직접적으로 영향을 받게 됩니다. 그레이브스는 색채는 오브제, 인공물의 특성을 사로잡는다고 보았습니다. 결과적으로 중요성을 가진 총체적인 화음을 가능하게 하는 인공물을 생산하고 조정한다고 여겼습니다. 그는 우리 주변의 건축 인공물이 중립성을 잃어버렸기 때문에 형태와 색채의 정교한 조작을 통하여, 우선적인 합목적성을 찾아야 한다고 생각했습니다. 또한, 색채는 우리 자신과 건축과 자연 사이의 연결을 만들어줄 수 있다고 보았습니다.

이러한 형태의 첫인상을 변화시키기 위한 현대의 마술적인 색채의 사용은 우리 자신을 매우 초기의 안료를 착색시켰던 예술적이고 제의적인 기능들로 되돌아가게 합니다. 색채에 대한 이러한 접근은 원시사회의 붉은 황토를 칠한 시체를 연상시키고 삶은 상징적으로 죽음으로 들어가게 되는 것을 느끼게 합니다. 그리고 우리가 이 도시에서 생명과 신성함 그리고 충일한 조화에서 살아간다는 것을 일깨워줍니다. 이것은 우리에게 고대 그리스 조각상들을 떠올리게 하고 그들의 대리석 얼굴은 생명력을 얻기 위하여 분홍빛으로 칠해졌던 이유를 깨닫게 합니다. 우리 건축물에 칠해진 색상과 장식들이 갖는 의미를 깨닫게 합니다.

빛의 스펙트럼 색채 color... 상징

빛은 우리 마음에 무엇을 던져주고 무엇을 살아나게 합니까 그리고 빛의 상징인 색상은 무엇을 의미해 왔습니까 색채는 무엇을 대변해 왔습니까

색채는 전반적으로 생명을 긍정하는 빛의 상징입니다. 빛은 궁극적으로 밝고 투명함을 그리고 아무것도 섞이지 않은 백색은 순수성, 진리, 무구, 영원, 신성, 신의 상징이었습니다. 가끔은 그 백색은 공포와 불안, 비겁과 창백함, 죽음과도 연관이 있습니다. 흰색에는 양면적인 요소를 가진 커다란 배경을 가지고 있습니다. 그리고 그와 대립되는 또 다른 색 검정색은 흰색과 대립하고 세계의 양면을 구축합니다. 그것은 분명 이 세계가 빛과 어둠, 밤과 낮으로 구분되어 있었기 때문입니다. 흰색은 종교적인 색이고 신성한 의례들, 세례, 결혼식, 성사의 제의, 초심자, 아마츄어의 색입니다. 신성하고 영원함을 함의하고 평화와 정숙을 대변합니다.

검정색은 거의 불가피하게 부정적인 힘과 불안 그리고 공포 ... 사악함과 이교도, 미지의 암굴, 악의 제왕, 지하세계, 불길함, 검은 고양이, 주식폭락일(black day), 암시장(black market), 사고다발지역(black spot), 애도의 감정부재, 상실감, 검은 구월단, 검은 망토, 검은 돈, 흑심(黑心)... 그러나 이집트와 아프리카, 인도의 전통에서 검은색은 대지의 모성을 의미하기도 하며 빛과 생명을 탄생시키는 어둠을 의미하기도 합니다. 그것은 동양의 음양사상에서도 마찬가지입니다.

푸른색은 무한성, 영원성, 진실성, 헌신, 믿음, 순수, 정숙, 평화, 지적인 삶을 상징하며 초연하고 비물질적인 삶을 보여줍니다. 성모마리아와 그리스도는 푸른색 옷을 입고 있는 경우가 많습니다. 푸른색은 하늘을 상징하고 하늘의 신을 상징합니다. 불교에서 푸른색은 지혜이며 유럽에서는 성실을 의미하며 북아프리카의 원주민에게는 우울함이며 포르노와도 연결됩니다.

Raffaello Sanzio. 대공의성모, 1505.　　Giovanni Bellini. 성모와성인들. 1536

그 어떤 지역에서도 태양과 황금은 가장 강력한 상징이 되어 왔습니다. 영광, 신성, 빛, 진실, 황제, 고귀함에 연관되어 왔습니다.

초록색은 전체적으로 긍정적인 상징으로 남아 있으며 신호등의 초록색이 보행신호인 것으로도 알 수 있습니다. 봄, 식물, 새로움, 회춘, 젊음, 풍요, 생기를 의미하기도 합니다. 초록은 이슬람세계에서 가장 영적인 상징이며 신의 섭리를 나타내는 신성한 색입니다. 초록색 옥은 완전함, 불멸, 장소, 마법, 힘을 상징합니다. 선명한 초록은 기독교에서 믿음의 상징이며 기독교에서 성배의 색깔로 추정되기도 합니다. 또 삼위일체와 계시의 색이며 기독교 미술에서는 십자가의 색이기도 합니다.

붉은색, 빨강의 에너지는 생명과 관련을 가져 왔습니다. 고대 사회에서는 죽은 이가 틀림없이 부활할 수 있도록 그의 몸에 붉은색을 칠하곤 했습니다. 붉은색은 불, 전쟁, 에너지, 공격, 위험, 정치적 혁명, 충동, 열정, 사랑, 기쁨, 축제, 건강, 힘을 나타내며 능동적이고 남성적인 색채입니다. 빨강색은 또한 흥분과 광기, 광란, 도발에 이르러 남근신 프리아푸스(Priapus)를 대변하고 홍등가, 매춘부를 의미하기도 합니다. 붉은색은 남쪽의 색상이고 가장 많은 행운과 힘을 가지고 있습니다. 오늘날 성스러운 자의 붉은 날이 휴일이 되기도 합니다.

세계적으로 자주색은 고대 세계의 왕권, 명성, 존엄성을 대변하는 색이었습니다. 자주색이 그와 같은 상징적 의미를 갖게 된 것은 두 종류의 조개에서 추출하는 값비싼 자주색 염료로 물들인 의상이 가장 비싼 탓입니다. 자주색은 로마 세계의 고위사제, 고위관리, 장군들이 입었으나 특히 황제의 색이었습니다. 비잔틴 황제의 자녀들은 자주색 커튼이 쳐진 방에서 태어났으며 추기경의 의상 역시 자주색이었습니다.

연보라색은 절제, 신중함, 영성, 회개를 나타내거나 능동적인 단계에서 수동적인 단계로, 남성에서 여성으로, 삶에서 죽음으로 나아가는 과정을 의미합니다. 이런 해석은 붉은색 (즉 열정, 불, 흙)과 푸른색(지성, 물, 하늘)을 합친 것으로 이해되었기 때문입니다. 보라색의 상징은 마리아의 정숙성과 내면적인 덕성, 그리고 연약함을 동시에 의미합니다.

노란색은 맥락에 따라서 긍정적인 상징에서 부정적인 상징으로 이동하는 가장 양의적인 색입니다. 따뜻한 노랑은 금빛과 함께 태양을 상징하고 중국의 왕권과 덕성의 상징이었습니다. 또 젊음, 처녀성, 풍요, 행복을 의미하기도 했습니다. 중국의 연극에서는 노란색의 분장이 기만을 나타내기도 하고 유럽의 유태인들은 배신의 이유로 노란색을 입거나 나치 치하의 노란 별표를 달고 있는 것도 기만을 의미합니다. 노란색 피부는 공포, 질병과 관계되고 비겁함과 격리의 색이었습니다. 부정적으로 보자면 사별, 죽음, 사후세계와 연관되기도 했습니다. 진노랑 즉, 샤프란 색은 가장 높은 승려의 상징입니다. 고타마 붓다는 범죄자들의 옷 색깔이던 이 색을 체념의 상징으로 골랐습니다.

Guariento. 무장한천사단. 1360.

Fra Angelico. 성모의대관식. 1435.

색채는 빛이며 신비이고 삶을 신성하게 하는 것이며 우주와 섭리를 상징하는 것이었습니다. 아름다움이고 우주의 형식이자 원리였습니다. 세계의 모든 것은 그러한 원리와 색채의 의미로 구분되고 뜻과 격을 얻는다고 믿었습니다. 그러므로 색은 존재를 대변하는 것이기도 했습니다.

Les freres de Limbourg. 베리공작의귀중한성무. 1411

Hildegard. 우주와우주적인간의창조. 1230.

Aduardo Arroyo. Levene House. 2008.

색채는 사물을 강화시키고 재료의 구성을 드러내고 공간의 깊이와 관계를 설정하며 요소가 갖는 체계와 형식을 구체화합니다. 그렇게 함으로써 색이 가진 감각과 재료의 형상과 공간의 위계를 고양시킵니다.

형태가 갖는 요소를 통하여 더 큰 총체를 드러내기도 합니다. 색채는 질감을 대변하고 구조와 위계를 대변할 수 있습니다. 나아가 새로운 생명과 가치를 드러냅니다. 색채가 갖는 강력함은 재료와 형태를 넘어설 수도 있고 극복할 수도 있습니다. 단일한 모듈 혹은 타일의 색채는 입면과 볼륨을 거대한 배경으로 통일시킵니다.

MGM. Ceuta Apartment. 2007.

Neutelings Riedijkl. Netherlands Institute for Sound and Vision. 2006.

빛은 분명하고 견고한 질감의 건축 재료 위로 부드럽고 연속적인 흔적과 감각을 부여하고 공간의 깊이와 한계를 풍부하게 합니다. 그러므로 새로운 영역과 가능성을 부여하고 시각적인 경계와 감각의 거리를 변화시키고 그 안에서 새로운 레이어를 만들어냅니다. 이것은 물리적인 공간이 아니라 심리적이고 감정적인 공간으로 전이되는 과정에서 생성되는 것입니다.

형태의 화려한 율동

점은 무엇을 대변하고 왜 존재하고 어떻게 의미를 얻습니까 그리고 점으로부터 생산할 수 있는 시각적 가치는 무엇입니까

점

무한한 수렴과 무한히 작은 무엇으로 . . .

우리가 지각하는 최초의 이상적 좌표의 지점… 그것으로부터 정연하게 질서를 잡는 관계의 영역들… 이 세계는 무한히 작고 최소의 비물질적이고 비기하학적인 크기의 점으로부터 거대한 전체로서 이해되는 하나의 덩어리로 확장됩니다. 그 점은 정량적이지 않은 크기를 지니고 있습니다. 그것은 대부분 어떠한 지점이거나 혹은 무한히 사라지는 소실점, 혹은 그 크기를 가늠하지 않는 영역으로서의 덩어리를 대체하는 상대적 개념입니다. 그리고 그 간결하고 가벼움 또한 존재하는 것이 가지는 거대한 배경과의 무한한 상대적 거리 그리고 중심으로서의 무게, 또 그 자체로서 형태의 균형과 존재의 시작을 이야기합니다.

우리가 이해하는 세계의 점은 침묵이며 균형이며 한없는 몰입이며 새로운 기호입니다. 그것으로부터 존재하는 것은 새로운 질서를 유지하고 힘과 상호작용의 시작점입니다. 그 점으로부터 힘은 몰입하고 끌어당기기 시작합니다. 점은 힘의 시작이며 응집이고 관계의 지점이고 거대한 블랙홀이기도 합니다. 점은 점과 혹은 경계와 힘의 마찰을 일으킵니다.

Future Systems. Selfridges Department Store. 2003.

거대한 부분들의 요소는 전체와의 관계에서 더 작은 무한한 영역의 부분으로 구분됩니다. 인식 가능한 최소의 단위로부터 점의 가능성과 경계가 이루어집니다. 점은 좀더 확장되어 선을 이루고 다양한 선들의 방향성은 면을 요철시키거나 늘이고 당기고 있습니다. 그러므로 전체는 하나의 누적된 요소의 감각과 다양성을 확보하게 됩니다.

자유롭게 열린 창들은 거대한 눈이며 그것은 블랙홀이고 시선의 시작이며 끝이고 관심의 초점이고 시선의 흐트러짐을 쌓아 올린 모자이크입니다. 이 창들은 세계의 틈이고 외눈박이 거인 퀴클롭스의 눈입니다.

Mansilla+Tunon Architectos. Ciudad de Leon Auditorium. 2001.

김인철. Urban Hive. 2008.

더 넓게 열린 수많은 점들은 하나의 거대한 표피를 구축하고 스스로 구조체가 되기도 합니다.

내적인 의미에서 그것은 상징이며 상상 속의 무한함을 내포합니다. 점은 단지 그러한 모든 것을 내포하는 상징이며 기호이고 우리가 일컫는 가상적인 지점일 뿐입니다. 그것으로부터 건축은 형상을 구축하는 힘을 부여받습니다. 동시에 그러한 요소에 힘을 잃기도 합니다. 점은 구성 요소이고 다양한 형식의 정점이며 시선의 초점이자 시작점이고 무한한 사선의 교차점이고 거대함에 대응하는 작은 영역이기도 합니다. 또 어떠한 윤곽의 결합된 전체이기도 하고 최소의 부분이기도 합니다. 매우 뾰족하고 둥근 끝이기도 하고 다양한 물방울과 세계의 입자이고 알갱이입니다. 그러므로 점은 상대적인 크기를 지니고 있습니다.

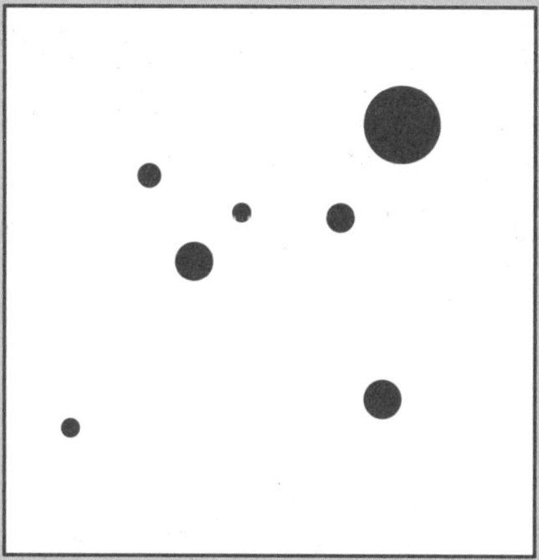

점은 주변과 무한히 호흡합니다. 그러한 요소로서의 점은 전체와의 관계에서 조화를 구축하고 변형을 일으킬 수 있습니다. 형태의 감각은 그러한 관계에서 울려나오는 미묘한 감정이고 긴장입니다. 점은 모든 것을 끌어들이는 힘과 그 관계를 보여줍니다. 그것은 어떠한 의지의 주장입니다. 점의 확산은 점점 거대한 덩어리로 분화됩니다. 그것은 상호간의 덩어리의 힘을 생성합니다. 우리는 여기에서 어떠한 무게와 상호작용의 긴장을 얻게 됩니다. 이곳에서부터 어떠한 구성이 시작됩니다. 우리는 아직 선을 가지고 있지 않고도 영역의 구성을 창조합니다.

건축의 수많은 점들은 여러 선들의 교차에 의하여 생겨나는 지점과 선들에 의하여 닫혀진 영역으로 구축됩니다. 점은 면과 면이 만나는 모서리의 지점이고 면의 중심점이자 가상적인 균형의 지점들이기도 합니다. 점들은 공간의 무수한 영역들과 힘들의 절점들에서 우연하게 드러나는 균형의 추이고 무게의 중심입니다. 그 점들은 무한히 확장되고 그래픽적 형상의 일부가 됩니다. 건축 디자인에서 도면에서 투시도에서 모델링에서 점은 본질적인 부분들의 형상의 축소를 의미합니다. 그것은 좁은 창이고 통풍구이고 틈이고 작은 부재이고 디자인적 요소이고 수많은 원이고 단추이고 손잡이이고 전구이고 버튼이고 램프입니다.

또한 거대한 표면이고 격자이고 분할된 부분이고 창이고 모듈이고 그리드입니다. 어떠한 지점들은 더 큰 여러 요소들의 결합에 의하여 새로운 지점들을 창조합니다. 점의 집중된 힘들은 어느 사이 거대한 차원을 포섭합니다. 그것은 그 응집된 힘에 따라서 부피를 갖는 거대한 점으로 전환될 수 있습니다. 형태는 그러한 인식 가능한 점의 감각을 포함하여 선, 면 그리고 볼륨의 부분들로 이루어진 전체로서 파악됩니다.

우리는 가상적인 소실점을 지각하고 그것이 시각적인 정점으로 작용하는 것을 발견합니다. 그것은 공간을 더욱 긴장시키고 역동적인 모습으로 변화시킵니다.

LTL Lewis. Tsurumaki. Lewis. FLUFF Bakery. 2004.

점진적으로 뻗어나가는 거대한 선들의 움직임과 방향성은 한 점이 힘을 통하여 연속적인 궤적을 그리면서 보여주는 감각과 거리, 속도와 시간성을 드러냅니다. 그것은 우리가 보고 있는 형태가 단순히 정지해 있는 것이 아니라 끊임없이 변화하고 살아 움직이는 배경을 만들어내고 있음을 보여줍니다. 작은 점으로부터 시작된 형태는 시간과 공간을 안고 있습니다.

형태의 윤곽 ... 확장과 리듬

점은 무엇을 대변하고 왜 존재하고 어떻게 의미를 얻습니까 그리고 점으로부터 생산할 수 있는 시각적 가치는 무엇입니까

선 무한한 흔적과 방향 그리고 자유

선은 눈에 보이지 않는 무한소의 점들이 창조하는 궤적입니다. 그 선의 힘과 굵기 그리고 방향과 곡률의 정도는 궤적에 내재하는 감각을 분출합니다. 무한한 변화를 가능하게 하고 그 변화만으로도 자유로운 형태와 차원을 구축할 수 있습니다. 선의 힘은 그 점의 움직임이 만들어내는 역동적인 비약이며 자유로운 흔들림입니다. 그것은 시작과 끝의 한정과 그 관계의 시간적 간격과 연장 그리고 내부의 힘들입니다. 그 힘은 곡률 자체이기도 하고 그림자이기도 하고 경계이기도 하며 또한 긴장한 무한한 가능성의 단일 직선일 수도 있습니다. 그 힘은 양적으로 확장할 수 있고 점의 움직임, 면적의 움직임, 볼륨의 움직임, 공간의 움직임은 하나의 선의 궤적을 유추하게 됩니다. 그것은 그러한 움직임의 균형과 중심의 추적입니다.

우리는 선이 가진 움직임, 시간, 율동에 감동하고 감응합니다. 긴장이란 조형적인 힘의 응집이고 그 긴장의 해체와 외적이거나 내적인 힘의 분출과 수렴으로 얻어지는 변화는 강력한 전환과 수렴들을 형성합니다. 우리가 부드럽게 느끼는 곡선의 매력적인 변화에 가속도와 리듬을 느끼게 됩니다. 이 세계는 끊임없는 선의 교차입니다. 그 교차하는 선은 수평선을 기준으로 수많은 나무와 수직의 낙하 궤적으로 생산됩니다. 두 직교하는 선을 시작으로 세계는 무한한 사선들의 밀집이고 집합체입니다. 우리는 그러한 선에서 힘과 중력 그리고 저항과 긴장, 안정감과 무게, 울림과 흡수, 차가움과 편평함을 함께 느낄 수 있습니다.

세계의 모든 형태는 그 윤곽과 그림자, 볼륨을 지니고 있고 단면과 투영의 궤적을 지니고 있습니다. 교차점은 축을 만들어내고 무게와 밀도의 균형의 가상선을 만들기도 합니다. 우리는 그러한 움직임을 만들어냅니다.

우리는 많은 선들을 창조할 수 있습니다. 선이 가진 그 자율적인 성격은 창조의 가능성과 감각의 가능성을 확대합니다. 자유로운 직선들은 서로 교차하고 면적을 만들어냅니다. 그 비중심적인 자유로운 직선들은 특수한 능력과 다채로운 색채, 넓이, 긴장의 변화를 만들어냅니다. 이러한 구성의 자유로움은 제한된 면과 여백 그리고 그 교차된 상호작용에서 거의 무한한 차이들을 생성시킬 수 있습니다. 그렇게 만들어지는 구체적인 요소들은 우리가 은연중에 사용하는 형태적인 요소들입니다.

세계는 그러한 경계들로 이루어진 실험의 장이고 그 차원의 다원성은 형태를 자유롭게 하고 새로운 생명을 불어 넣습니다.

Alexander Stirling Calder.
A Universe. 1934.

3 Deluxe Transdisciplinary Design. Leonardo Glass Cube. 2007.

모서리에서 윤곽에서 재료의 구분에서 수평선에서 모듈의 단위 면에서 형태의 두드러짐에서 부재들의 형상에서 틈에서 그림자에서 음영에서 운동의 궤적에서 볼륨의 흐름에서 추상적인 균형에서 힘의 절점에서… 어디에서나 우리는 선을 발견하고 그것을 구체화하여 이미지로 창조합니다. 또 그러한 형태를 의도적으로 구축합니다. 그리고 그 선은 동시에 세계의 질서인 수직과 수평에 일정한 각도를 지닙니다. 이들이 가진 각도는 예민한 충돌과 상호작용을 일으킵니다. 그러한 각들은 안과 밖을 만들고 좁고 넓음, 길고 짧음, 여유와 긴장, 방향을 생성합니다. 우리는 그 자유로움에서 정립된 세계를 해체하고 그리드를 조각내고 있습니다.

Francois de Cuvillies.
Schloss Nymphenburg.
1739.

선들은 평면이 아닌 공간으로 확대될 수 있습니다. 그리고 다른 시야와 관찰자의 시각에서 3차원적인 투영면을 가상적으로 구축합니다. 우리가 본다는 것은 세계 내의 관계를 파악하는 것이고 그 세계는 구체화된 선과 면의 영역들입니다. 선은 점으로 이어진 통로이고 감정의 통로입니다. 우리는 선을 따라서 감각과 감정을 공유합니다. 우리는 대지 위에 선을 만들고 세계를 구분하기도 합니다. 그것은 날카롭기도 하고 자유로운 흐름일 수도 있습니다.

Studio Pei - Zhu. Digital Beijing. 2008.

Victor Horta. Tassel House. 1893

그 선은 정형화된 직선이 아닌 자유로운 곡선을 연출하고 공간을 담고 비어있는 벽면과 구조물을 형상할 수도 있습니다. 공간을 담고 흐르는 선들은 바로크로부터 로코코, 아르누보에 이르고 오늘날 자유로운 구조체와 그 외형을 감고 있습니다. 비선형적인 형태의 볼륨은 그러한 자유로움으로부터 고양된 볼륨을 드러내고 그 윤곽은 유려한 선들로 대체되기 시작했습니다.

Richard Rogers + Renzo Piano. Pompidou Center. 1977.

박승홍. 청계전 기념관.

길게 뻗어 유연하게 굽어 흐르는 듯한 메스는 하나의 선으로 드러나지만 그것은 동시에 볼륨을 만들어냅니다. 이 볼륨은 스스로 움직여 가는 운동가을 드러내고 있습니다. 전망대와 서쪽을 향한 창은 거대한 눈처럼 방향성을 증대시키고 있습니다.

이 선들은 나름의 감각을 넘어서 어떠한 감정을 불러 일으킵니다. 그 형태가 가지고 있는 지각 가능한 무엇인가에서 내재된 감정을 이입하거나 다른 연상되는 이미지와 교차하고 그러한 힘을 가지는 신화적인 원형과도 연결시킵니다. 그러함으로써 형태는 기하학적 감각에서부터 살아 움직이는 실체가 될 수 있습니다. 그 형체는 우뚝 서 있고 꿈틀거리고 불끈 힘을 세우고 환호하고 또아리를 틀고 긴장하고 튀어 오르고 구부리고 끌어 안게 됩니다. 그 힘을 수용하는 형태는 마치 근육이고 생명체이고 기관이 되며 동물이고 인간이 되기도 합니다. 그것은 그 선들이 가진 자유로운 곡률과 방향에 의한 것입니다.

세계는 격렬한 선들의 살아있는 치열한 난투장입니다. 그 곡선의 안과 밖은 서로 다른 흐름과 영역을 지니고 있습니다. 그리고 어떠한 가상적 평활함과 수직과 수평과의 대립을 지니고 있습니다. 우리는 그것이 어떠한 긴장과 미끄러짐을 보여준다는 것을 알 수 있습니다. 그것은 경사를 갖는 직선과 대지가 갖는 힘의 관계이기도 합니다. 그러한 선들은 굽거나 직선이거나 하나의 영역을 결성하기도 합니다. 선은 무한히 변화하고 그것은 선이 가진 생명이 됩니다. 리듬은 변형의 간격과 크기 힘의 정도 ... 등의 변화를 드러냅니다.

선은 볼륨이 가진 힘을 드러내고 볼륨을 분할하고 엇갈리고 음악적 조정과 감정적 변화를 유도합니다. 그 틈으로부터 새로운 파동을 생산하고 그 안에서 드러나는 선들의 관계를 통하여 새로운 힘과 감각 그리고 오브제와 변화를 드러냅니다. 그것은 우리가 알고 있는 선형적 건축의 모태이고 윤곽이고 형상이며 구조이고 파괴이고 충돌입니다.

Daniel Libeskind. Royal Ontario Museum Extension. 2007.

궁극적으로 선은 면을 창조합니다. 선으로 둘러싸인 영역은 자신의 형태를 드러내기 시작합니다. 건축은 그 어떠한 영역에서보다도 더 분명한 선의 힘과 역할을 지니고 있습니다. 그것은 구체적인 선의 역할로서 이루어진 영역입니다. 그리고 선이 만들어내는 구체성에는 치환된 의미가 존재합니다. 벽체, 기둥, 창, 처마선, 도어, 테이블… 그것은 실체화된 세계의 구조물이 됩니다. 그러므로 그 자체는 구축물의 변화된 모습을 드러내는 것입니다. 그 안에는 드러나지 않은 높이와 단절과 깊이가 존재합니다. 따라서 그 선들이 내포하는 관계는 공간이고 그 안에서 가능한 어떠한 사건과 이미지를 담고 있습니다. 선들은 바로 가상적인 한계이고 의식의 경계이고 심리적인 표면이며 가상적인 감각의 거리입니다.

그것을 도면이라 부를 수도 있고 투시도라 할 수도 있고 다이어그램이거나 축약된 레이어의 프로그램으로 볼 수도 있습니다. 그 선들은 하나의 기호이고 잠재된 상징입니다. 무엇보다도 우리는 그것에서 이야기를 발견합니다. 중요한 것은 그 이야기를 통하여 한 개인과 그 작품의 사고와 개념을 전달하고 의미를 부여한다는 것입니다. 우리는 그 안에서 감흥을 느끼고 예술적 체험을 할 수도 있습니다. 건축물의 디자인에서 그리고 그 실체에서의 감각이 우리가 예술이라 부르는 영역으로 유도하는 것입니다.

Cathedral Senlis.

우리가 도시 안에서 볼 수 있는 모든 구조물은 선을 담고 있습니다. 그 선은 윤곽이 되기도 하고 형태를 구축하거나 볼륨의 축이 될 수도 있습니다. 그러한 선을 통하여 오랫동안 창조한 형태들은 가늠할 수 있는 기하학적 경계...선을 가지고 있습니다.

형태의 표면 . . . 접힘과 펼쳐짐 . . .

면이란 무엇입니까 그리고 표피, 피복, 외피 . . . 는 무엇을 의미합니까 외피가 세계를 둘러싸고 건축물을 감싸안기 위한 구조적 작용은 무엇입니까

면 무한한 펼쳐짐, 확장, 접힘, 자르기 . . .

구체적인 세계를 구축하는 다차원적인 영역, 표피, 경계의 둘러쌈으로 생산되는 면은 볼륨의 외피이고 공간의 한계이며 절단면이 됩니다. 거의 모든 단위의 한계를 갖는 면들의 조합에 의하여 건축물은 구축됩니다. 그 면들은 조형을 이루는 형태의 투영면이고 다양한 힘과 상호작용이 구축하는 것은 실질적인 구조체입니다. 이러한 구축은 능동적인 긴장과 요철, 울렁임과 동요, 점과 선을 통하여 생성되는 볼륨의 힘을 드러내 보여줍니다.

형태를 덮고 있는 자유로운 다각면은 형태를 감싸안고 동시에 구조적인 힘의 흐름과 저항을 보여줍니다. 그러한 힘을 통하여 다각면은 더 큰 다면체의 감각을 불러 오고 자유로운 움직임과 꿈틀거리는 힘을 내재화합니다. 그 힘으로부터 생성되는 연속적인 볼륨은 점진적으로 강조된 형태의 운동감을 발산합니다.

Rojkind Aequitectos. Nestle Chocolate Museum. 2007.

선은 면과 볼륨을 세분화하고 구체화합니다. 그러므로 선은 형상의 요소를 창조하고 그 요소 사이의 형식을 통제하고 조정합니다. 그 요소들 사이에 존재하는 틈과 재료적 간격이 꿈틀거리는 선으로 드러납니다.

거대한 볼륨은 커다란 다면체로 꺾이고 접혀 기이한 3차원의 구조체를 완성합니다. 비정형적인 이 매스의 형상은 내부의 구조와 공간의 변화에 따라 감싼 외피이고 동시에 거대한 트러스입니다. 트러스는 드러난 매트처럼 볼륨을 감싸는 그물을 그려내고 있습니다.

Rem Koolhaas Seatle Library. 2004.

3LHD Archotects. Sports Hall Bale. Crotia. 2006.

그것은 작은 것으로부터 무수한 요소들을 집적시켜 누적시킴으로서 이루어진 거대한 표면을 이룰 수도 있습니다. 그 면들은 더 작은 면들로 분할되지만 하나의 전체를 구축하고 여러 표면을 분절시켜 양감을 만들기도 합니다.

형태의 반복은 그 깊이와 공간의 거리를 창조합니다. 기하학적인 윤곽과 그 윤곽으로 한정지어지는 경계 내의 담겨 있음을 우리는 공간으로 인지할 수 있습니다. 공간은 그러한 열린 틈과 드러난 간격, 드나들 수 있는 통로, 빛을 통해 넘어서는 창과 시각적으로 열려 있는 부분들을 통하여 끊임없이 이어집니다. 그러므로 공간은 가상적인 전체이고 무한한 연속적 총체이며 우리는 그 안에서 일부를 한정할 수 밖에 없다고 여깁니다. 그러므로 공간은 더욱 큰 연속체로서 강력한 힘을 얻고 우주적 본질을 드러내는 것입니다. 그것은 실체를 지니지 않지만 감각과 지각을 통하여 감정과 인식을 얻게 됩니다. 그러므로 가장 상위의 예술이라 여겨지기도 했습니다.

건축의 점과 선은 그러한 면과 면의 경계에 담겨진 공간을 드러냅니다. 공간은 그 깊이와 거리, 높이에 의하여 끊임없이 연장되고 시각적인 깊이에 따라서 새로운 이미지와 관계를 그려냅니다. 우리는 그 관계를 기하학적으로 제시하고 인식합니다. 그러한 총량은 하나의 볼륨으로 드러날 수 있습니다. 그렇게 되면서 공간과 형태는 서로가 서로에게 영향을 미칩니다. 건축은 바로 그렇게 드러나는 기하학적 형태와 윤곽의 아름다움과 그러한 드러남에 둘러싸인 공간의 감각으로 고양되는 예술입니다.

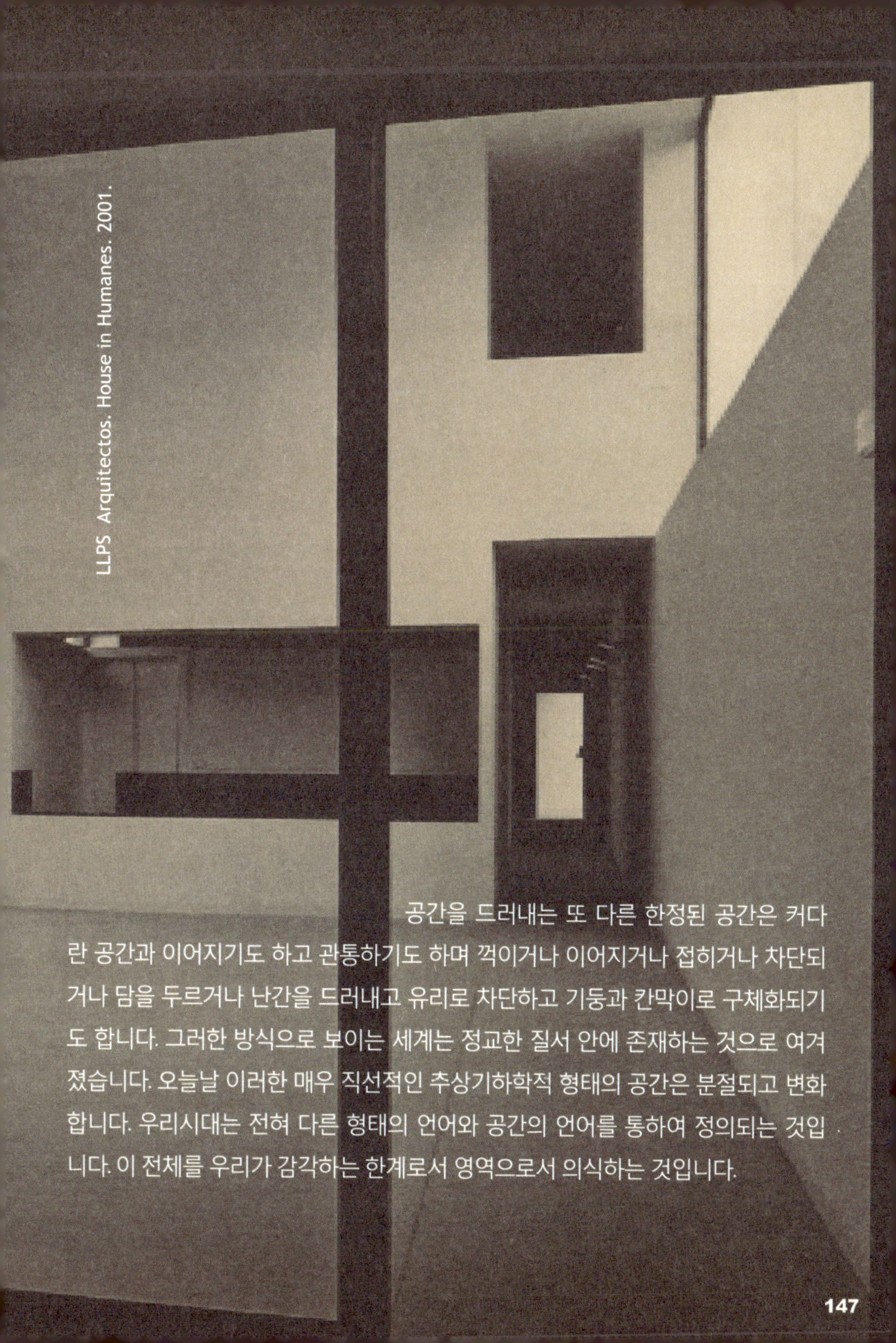

LLPS Arquitectos. House in Humanes. 2001.

공간을 드러내는 또 다른 한정된 공간은 커다란 공간과 이어지기도 하고 관통하기도 하며 꺽이거나 이어지거나 접히거나 차단되거나 담을 두르거나 난간을 드러내고 유리로 차단하고 기둥과 칸막이로 구체화되기도 합니다. 그러한 방식으로 보이는 세계는 정교한 질서 안에 존재하는 것으로 여겨졌습니다. 오늘날 이러한 매우 직선적인 추상기하학적 형태의 공간은 분절되고 변화합니다. 우리시대는 전혀 다른 형태의 언어와 공간의 언어를 통하여 정의되는 것입니다. 이 전체를 우리가 감각하는 한계로서 영역으로서 의식하는 것입니다.

양재동 EL Tower. 2008.

을지로입구 SK Tower.

도시의 많은 건축물들이 다양한 면 분할을 통하여 새로운 형태의 감각과 중량감, 물성, 분절된 경쾌함과 혼화된 역동성을 얻습니다. 그것은 면이 갖는 형태와 구성, 리듬에 의한 운동감이며 거대한 입면의 단조로움과 스케일이 갖는 압박을 덜어냅니다. 그 재료가 갖는 질감과 색채, 빛의 반응은 건축물이 가진 형태와 의미를 전환시켜 외피를 분리시키는 역할을 합니다.

분당 Time Bridge.

자유로운 외피는 감각의 소재로 드러나고 누적된 모듈의 총합은 견고한 입방체의 힘과 정적인 과밀함을 덜어내는 역할을 합니다 수직적 단위의 모듈은 건축물의 무게를 상승하는 역동성으로 상쇄하고 있습니다. 커튼월에 의하여 치장되는 고층 건축물의 외피는 모듈을 한정하는 프레임과 유리면의 모듈에 의하여 통제됩니다. 구조적인 요소들을 노출시키거나 수직성이나 수평성을 강조하기 위하여 드러난 선들은 전체의 부분을 구성합니다.

David Chipperfield. Social Housing. 2001.

고르게 분할된 수 많은 면들과 동일하게 드러나는 열린 창들은 요철을 형성하면서 거대한 벽면을 분할하고 그 안에 생기와 리듬을 만들어냅니다. 질감과 색상의 변화는 다양한 변화를 통하여 질서를 흐트러뜨리면서 더 거대한 덩어리를 육중하지만 변화있고 즐거운 감각의 대상으로 변화시킵니다. 그러면서 하나 하나의 분할된 면들은 스스로 볼륨의 힘과 무게를 얻게 됩니다. 그것은 이 거대한 매스가 하나의 단조로운 구축이 아니라 여러 감각의 누적임을 밝혀줍니다.

다양한 색채로 드러나는 거대한 면들은 투명성을 통하여 질감과 볼륨의 경계를 무너뜨립니다. 면 위로 반사되어 그려지는 외부의 모습들은 새로운 질감을 부여하며 한계를 벗어나 확장된 공간의 영역을 포함시키고 수직적으로 열려 있는 공간의 비어있음을 수평적으로 강화시켜 줍니다. 이러한 다양한 반응들은 그 안에서 일어나는 사건과 기억을 증폭시키고 단순한 공간이 기억 속에서 장소가 될 수 있고 행위가 가능한 영역을 반복적으로 변화시키면서 존재할 수 있다는 것을 보여줍니다.

국립중앙박물관

수직으로 서 있는 구조물과 바닥의 패턴은 수많은 면을 드러내고 도시의 풍부한 형상과 질감을 부여합니다.

RCR Arquitectes. ELS Colors Nursery. 2004.

Urbanus Architecture & Desin. Dafen Art Museum. 2008.

면은 더 많은 입체를 구성하고 커다란 볼륨을 분절시키고 통합하고 드러내고 음각하며 내부의 새로운 모습을 드러내는 창이 되며 전체의 부분으로서의 질서를 구축합니다. 면을 통하여 영역과 한계를 가늠하고 사이의 경계를 설정하며 공간과 한계를 찾게 합니다.

Sol Madridejos/Juan Carlos Sancho Osinaga. Chapel in Valleaceron. 2000.

날카로운 면들은 다면체를 구축하며 서로 틈을 드러내고 엇갈리고 기울어져 입방체의 접힘과 꺾임, 경사와 수직의 모서리, 분할된 벽면, 분절된 내부공간과 공간의 상호관입을 유도합니다. 이곳에서 면은 구조체로서 힘의 경계이고 외피이고 날개이며 장막처럼 경쾌하고도 견고합니다.

건축의 거대한 면들은 작은 모듈로 분할되거나 조합되고 입방체와 다면체의 구성으로 분할되는 구성면을 생성합니다. 그 면의 내용은 다양한 채색과 명암 그리고 패턴으로 채워지고 전체로서 하나의 건축물을 생산합니다. 질감은 바로 그러한 표현 위에서 생성되고 피복은 덩어리의 윤곽에 감각을 부여합니다. 그 감각은 무게, 질량, 명암, 빛, 현휘, 투명, 경쾌, 견고, 유연 등의 물성을 포함합니다. 그러한 부피의 표면은 다양한 방식으로 무한히 펼쳐지고 접히거나 제거되고 잘리고 굽혀지고 말리고 기울여집니다. 궁극적으로 표피는 확장하여 대지와 맞물립니다. 랜드스케이프 – 아키텍쳐로 확장됩니다.

점과 선이 가지지 못한 면의 포획과 상호작용하는 힘을 수용합니다. 그것은 강력한 힘의 표출이고 변화입니다. 동시에 공간을 포함하고 그 공간의 형상을 결정합니다. 그 면의 윤곽은 새로운 감각을 생산하기도 합니다. 선들은 서로 만나 예각을 만들어내거나 둔각을 만들고 톱니처럼 맞물리거나 부드러운 곡선을 만들기도 합니다. 면 내부에는 여러 형상의 변화와 모서리, 꼭지점, 요철, 굴곡에 의하여 생성되는 또 다른 점과 선을 발견하게 됩니다. 이러한 선과 점은 2차적 3차적인 감각을 생산합니다. 그리고 그 감각은 조화와 균열을 만들어내는 복합체의 요소들입니다. 진정한 형태의 원리와 조화의 원리는 그곳에서 생성됩니다.

중첩된 면들은 힘을 낳기 위한 리듬을 만들거나 볼륨을 구축합니다. 그리고 그러한 면들 통하여 볼륨의 힘은 리듬을 낳을 수 있고 끊임없이 펼쳐진 세계의 모든 오브제의 분할된 구조와 관계를 드러냅니다. 면의 요철과 접힘, 펴짐, 구부러짐, 휨, 찢어짐, 굽힘으로 인하여 생성되는 공간과 그림자에 의하여 깊이와 차이를 생성합니다. 그것은 꿈틀거리는 공간의 힘이고 동시에 공간을 포획하고 그것을 강조하는 형태의 힘이기도 합니다. 형태는 무게를 지니는 볼륨과 그것을 표상하고 한정하는 선과 면의 조화로운 음악입니다.

Heatherwick Studio. East Beach Café. 2007.

RCR Architectes. Lotus Blau Shade Spaces. 2007.

공간은 담겨 있고 경계를 얻고 울타리와 한계를 드러내고 장(場)을 만들어냅니다. 그것은 어떠한 관계들에 의하여 가늠되는 깊이와 거리와 높이의 정도이고 시간의 과정과 드러나는 폭을 보여줍니다. 그러므로 우리가 얻는 선험적인 감각으로서의 공간을 부여잡을 수 있는 것은 가상적이거나 물리적인 실체로서의 경계들이고 한계입니다. 그것을 분절시키고 드러내고 열려 있게 하는 것이 공간을 꾸미는 것이고 건축입니다. 건축적으로 드러나는 면은 가장 강력한 포획의 수단이고 단절과 차단의 장치들입니다.

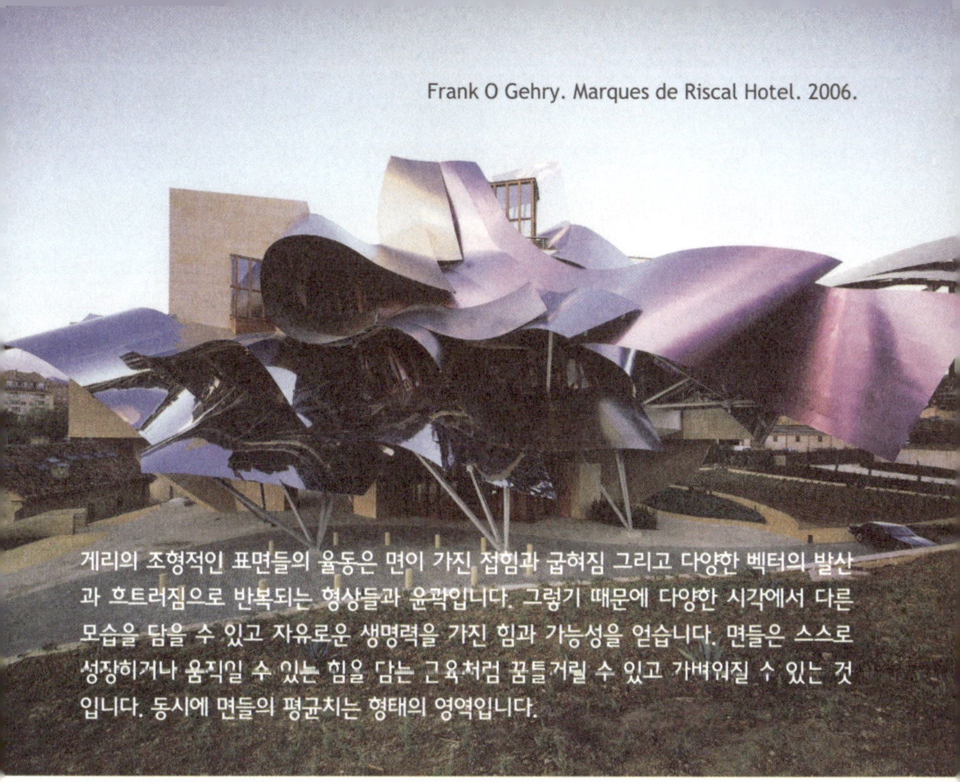

Frank O Gehry. Marques de Riscal Hotel. 2006.

게리의 조형적인 표면들의 율동은 면이 가진 접힘과 굽혀짐 그리고 다양한 벡터의 발산과 흐트러짐으로 반복되는 형상들과 윤곽입니다. 그렇기 때문에 다양한 시각에서 다른 모습을 담을 수 있고 자유로운 생명력을 가진 힘과 가능성을 얻습니다. 면들은 스스로 성장하거나 움직일 수 있는 힘을 담는 근육처럼 꿈틀거릴 수 있고 가벼워질 수 있는 것입니다. 동시에 면들의 평균치는 형태의 영역입니다.

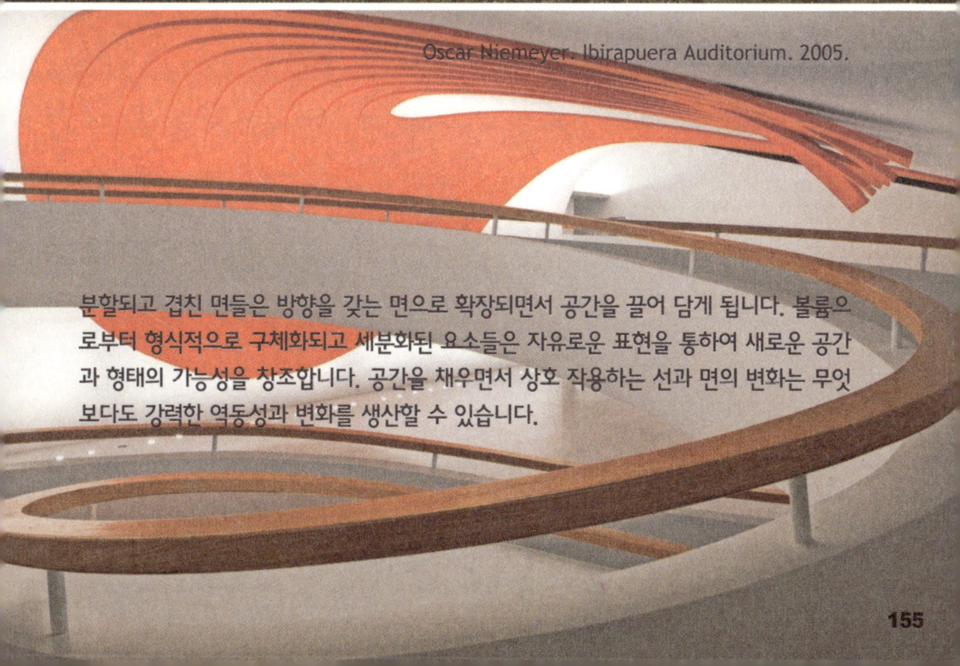

Oscar Niemeyer. Ibirapuera Auditorium. 2005.

분할되고 겹친 면들은 방향을 갖는 면으로 확장되면서 공간을 끌어 담게 됩니다. 볼륨으로부터 형식적으로 구체화되고 세분화된 요소들은 자유로운 표현을 통하여 새로운 공간과 형태의 가능성을 창조합니다. 공간을 채우면서 상호 작용하는 선과 면의 변화는 무엇보다도 강력한 역동성과 변화를 생산할 수 있습니다.

형태의 힘 . . . 끌어 안음 . . 접힘

볼륨이란 무엇입니까 세계의 존재와 공간을 드러내는 실체로서의 3차원적 인 구조물은 무엇으로 한계를 얻습니까 건축물 어떠한 볼륨을 지닙니까

볼륨

힘의 덩어리, 형상, 형태, 매스 . . .

구체적인 볼륨은 세계에 드러나는 실체의 형식이고 형태입니다. 그것은 입체적인 윤곽이고 우리가 가늠하는 크기와 힘을 지니는 대상이자 존재하는 구축물로서 스스로 성장하고 영향을 미치기 시작합니다. 입체의 형태는 의미를 전달하는 매개체입니다. 인간의 미학적 전통 내에서, 형태는 무엇이 이루어지고 무엇이 만들어졌으며 무엇을 담고 있는가를 보여주는 하나의 총체로서 작용합니다. 그러한 볼륨은 지속적으로 유지되며 단일한 실체입니다. 고전적인 형태는 총체적인 작업을 규율해 왔습니다. 그것은 모든 인류의 공통적인 언어를 형성하는데 있어서 우주적인 차원의 규정입니다.

피라미드는 가장 강력한 형태의 표현이고 의지이며 볼륨입니다. 영원함을 기원하는 거대한 석재의 무덤은 누적된 볼륨들로 이루어진 거대함의 신화이고 신의 산이며 하늘에 닿는 계단입니다. 피라미드를 통하여 세계에서 가장 강력한 질서와 힘을 드러내고 자신의 신성을 현실화하는 것이었습니다. 그 피라미드의 창조자이며 주인이며 그 안에서 영생을 얻는 태양의 아들은 누구보다도 강력한 살아있는 신의 아들임을 확인하는 것이었습니다.

MVRDV. Gyre Building. 2007.

매스가 가진 힘은 그것이 거대한 입방체의 누적으로 이루어진 것이든 혹은 작은 블록이나 석재의 모듈로 이루어진 볼륨이든 강력한 힘을 지니고 있습니다. 그것은 그러한 요소들이 가지고 있는 누적된 힘과 반복에 의한 리듬, 단위 입방체들이 만들어내는 상호작용에 의한 것입니다. 그러한 힘은 전체를 걸쳐서 발산되며 역동적인 운동감을 생산합니다. 이러한 이질적인 변화와 흔들림에 의하여 입방체 사이에 존재하는 비어있음과 요철이 명암과 함께 생명력을 부여합니다. 그것은 마치 움직이거나 움직이려고 힘을 가득 채우고 있는 덩어리로 느껴집니다.

많은 전통적 건축물들은 부재와 부재를 서로 결합시키면서 새로운 형태와 다양한 패턴을 만들어냅니다. 그것은 수많은 볼륨의 누적이고 분할이며 배치입니다. 그 가운데 공간과 형태가 즐거운 형식을 지니게 됩니다. 우리는 그것을 감각하고 인식합니다.

전통적 건축물의 구축방식은 공간과 장소를 형성하는 방식에도 차이가 있습니다. 그 차이는 경계의 열림과 흔적과 과정에 의한 중첩이고 누적이며 작은 요소부터 구조화되는 전체를 드러내는 것입니다. 최근의 건축물들은 그 전체 형태를 3차원적으로 결정하고 전통적인 평면, 입면, 단면은 3차원 형태가 결정된 후에 드러나는 내부의 절단된 모습으로 받아들여집니다. 따라서 건축언어는 3차원적인 형태 언어로 변화하고 있습니다.

Wandel Hoefer Lorch + Hirsch. Hinzert Documentation Center. 2005.

분명하게 드러나는 매스들은 형태가 가진 덩어리의 감각과 방향성으로 이루어진 변화를 통하여 점진적으로 드러나는 흐름을 리듬으로 바꾸어 줍니다. 그 사이에서 공간은 꿰이듯 관입하여 외부와 경계로서 맞서듯 드러나는 것이 아니라 사이와 거리를 만들어냅니다. 그러므로 공간은 좀더 정교한 형식을 드러내고 즐거운 이야기를 만들어낼 수 있습니다. 동시에 닫혀진 공간이 아니라 숨쉬고 드러난 관계를 보여줍니다.

Alvaro Siza. House in Majorca. 2007.

형태는 컴퓨터에 의한 볼륨을 드러내는 스플라인과 포물면의 결합으로 이루어지고 있습니다. 그 형태는 분절된 수많은 면들과 절단선의 교차된 거대한 그물이 됩니다. 그것은 형상을 조정하는 도구이고 구조화와 표면 구성의 모듈이 됩니다.

Zaha Hadid. 동대문 디자인 프라자.

오늘날 우리는 절대적인 언어학적 구조를 버리고 자유로운 표현과 가능성에 접근했습니다. 그리고 존재의 가능성을 인식하게 되었습니다. 기하학적 형태 혹은 아방가르드적 형태는 근원적인 구조를 위한 바탕이 될 수는 없게 되었습니다. 새로운 시대에 새로운 형태와 의미로 충만하며, 탈자연화의 과정은 최종적으로 우리를 둘러싼 자유로운 오브제를 가능하게 하는 것입니다. 형태가 지닌 내용과 용도 그리고 기능이 가진 논리적인 관계는 파괴되었습니다.

오브제는 자연과 기능성의 환영 아래에서 생명을 얻고 있습니다. 그것은 그 인위적인 예술적인 표현과 기능주의적 적응과 이해를 숨기고 있습니다. 그러나 오늘날 그보다는 하나의 체계와 구조로서 다가옵니다. 형태는 오늘날 언급되지 않았던 어떠한 규범과 규범화의 과정과 관련된 의미있는 형태를 디자인하는 것과 관련되기 시작했습니다. 그것은 오브제의 특성을 결정합니다. 그리고 오브제는 스스로 형태의 의미와 미를 지니기 시작했습니다.

동시대 건축은 입방체적 건축 형태를 구축하지 않습니다. 현대 건축은 고전적인 입방체의 형태를 파괴하고 새로운 관점을 만들어냈습니다. 오늘날 그러한 고전적인 입방체와 그것을 벗어난 현대적 형태는 대립된 관계를 구축합니다. 벽체에 의한 한정은 거대한 입면 파사드를 형성하고 혹은 비어있는 공간을 형성합니다. 그것은 필터의 구축입니다.

Alvaro Siza. Ibere Camargo Foundation.2008.

Toyo Ito. Meiso No Mori Municipal Funeral Hall. 2006.

Asymptote. Penang Towers. 2010.

우리시대의 형태들은 깊은 입면을 형성하고 유동적 공간을 구성합니다. 또는 어떠한 계획의 경계로서 혹은 윤곽으로서 결론이며 새로운 건축적 오브제의 요소를 구성합니다. 입방체는 절대적인 것으로 존재하고 현대 건축의 탈입방체는 유동적인 것으로 존재합니다. 형태는 거대한 오브제로서 인간의 지각과 심상을 통하여 감정을 드러낼 수 있는 유연한 표현의 대상이 되고 건축은 더욱 예술에 가까이 가는 듯 보여집니다.

4. 인간의 삶으로서 예술

살아있는 예술 삶을 통한 창조와 체험

건축은 세계의 중심을 창조하고 삶의 중심을 창조하는 예술입니다. 그러한 창조는 우리가 무엇을 상징하고자 하고 우리가 무엇을 삶에서 중요하게 여기는가와 연관되어 있습니다. 건축은 바로 세계와 삶의 상징입니다.

우리는 스스로에게 기뻐하고 존재하고 있다는 것을 확인합니다. 나의 움직임과 감각과 의식, 경험과 사유와 행동이 사건과 이야기를 만들고 세계의 내용을 만든다는 것에 감동합니다. 그리고 그 놀라운 세계의 아름다움과 신비스러움, 장엄함과 숭고함에 경탄합니다. 살아간다는 것은 그처럼 우리 자신의 존재를 더욱 가치있게 하고 아름답게 드러내는 것입니다. 나의 의식은 세계를 받아들이고 소통하고 함께 익숙해지고 그러면서 세계를 앎과 깨달음, 감각 속으로 받아들이고 숨겨진 것을 드러내는 것입니다. 그렇지 않다면 나의 존재와 의식과 세계는 모두 사라지고 말 것입니다. 그 모든 것을 가능하게 하는 나의 존재로부터 세계는 변화하고 그것이 바로 인간의 의지이며 삶의 과정입니다. 우리가 건축을 삶 가운데 가능하게 하는 예술로서 받아들이는 것도 바로 세계를 구축함과 동시에 나의 의식과 존재를 구축하기 때문입니다.

춤을 추면 흥이 나고 노래를 부르고 축제를 벌입니다. 우리는 그러한 살아있는 삶의 기쁨들로 충만한 시간과 공간을 창조합니다. 두려움과 희망, 기쁨과 숭고함, 존재의 지성과 탐색, 선과 악, 욕망, 세계의 불안 그리고 그 너머의 세계, 궁극의 시간, 죽음과 환생, 불멸의 신성, 사랑과 행복, 존재의 경계, 거주지, 삶의 터전을 통하여 살아간다는 것을 이야기로 만들어냅니다.

그것은 충일한 경험의 대상입니다. 그것을 아름다움이라는 영역에서 생산하고 깨어 있다는 것은 시간의 단편을 넘어선 존재의 힘을 느끼게 합니다. 그것이 바로 예술의 힘입니다. 우리는 그 창조의 힘으로부터 생겨나는 에너지에 감응하고 그 창조자의 위대한 정신에 감동합니다.

순간 순간의 삶이 그러한 살아있음의 기쁨이고 환희이고 그러므로 삶이 아름답고 충일하다는 체험의 기쁨을 전할 수 있을 때 우리는 그러한 예술에서 훌륭하다는 것을 깨닫게 됩니다. 우리는 그 순간 우리 자신의 존재와 삶을 느끼고 깊이 각인합니다. 그것은 진정한 체험입니다. 우리는 그러한 건축가의 생각과 그 생각 너머의 무한한 환희를 체험합니다. 그것은 일반적이고 일상적인 것으로부터 벗어나 한 단계 거듭난 것입니다. 그것은 있어야 하는 것, 있는 것으로서가 아니라 나타나는 것이며 그것은 관찰자의 관점에서 마음에 그리고 남겨지는 것입니다. 반대로 과학은 사물을 있는 그대로 아는 것입니다. 예술은 삶의 체험을 통하여, 인간의 감각과 영혼에 주어지는 영향을 통하여 사물과 교감합니다. 우리는 생물학적인 기반으로부터 예술에 접근합니다. 미적인 경험은 그러므로 받아들이는 것이 아닌 평가이며 가치를 부여하는 과정입니다.

청계천. 2008

그러므로 건축은 삶 속에서 우리가 경험하는 도시의 일상 속에서 생활의 과정과 우연한 사건들 속에서 더욱 가치를 얻게 됩니다. 건축은 처음부터 인간의 삶과 안전과 가능성에 기여하기 위하여 생겨난 것이기 때문입니다.

강남역 GwellTower. 2008

그것은 우리가 삶을 통하여 얻을 수 있는 가치이면서 동시에 삶을 통하여 창조하고 구체화하는 것입니다. 그러한 과정은 삶을 통하여 우리 자신이 무엇을 느낄 수 있고 행동할 수 있는가를 드러냅니다. 삶은 바로 창조되는 것입니다. 모든 예술은 그 작품, 예술적 미와 가치를 보여주는 작품을 창조하는 것을 목적으로 하는 것으로 보입니다. 그러나 실제로는 예술 그 자체를 위한 과정이고 내가 행위하는 것이며 창조적 노력을 실현하는 과정이고 나 자신을 위한 과정입니다. 예술은 결코 예술작품을 창조하는 것이 아닙니다. 바로 그러한 나를 위한 과정입니다. 그리고 그것을 통하여 궁극적인 가치를 얻는 것은 나의 의식이고 그 훌륭한 작품을 통하여 이해하게 되는 우리 자신의 삶과 인간의 위대한 정신이며 그 작품에 담긴 인간적 감정과 의미들입니다. 그것은 결코 인간과 멀리 있지 않습니다. 그러므로 예술을 우리와 다른 먼 것으로 혹은 매우 각별히 분리된 어떠한 대상으로 여기는 것은 올바른 태도가 아닙니다.

우리가 예술이라 부르는 모든 것은 우리 자신을 위한 것이고 예술을 통하여 표현하는 모든 것은 인간을 떠나서 존재할 수 없는 가치입니다. 또 그러한 가능성은 우리 스스로가 발견하고 예술이라는 이름 하에서 정교하게 발전시켜 온 문화의 대상입니다. 그것이 문화가 되기 전에는 일상적인 삶의 내용이고 무엇인가를 빌고 기원하는 의식이었으며 삶과 죽음의 변화를 기념하고 제의하고 자연의 신비와 통제 불가능함, 무한한 시간과 공간, 절대적인 무능과 영원이라는 거대한 감각 앞에서 항상 느끼던 존재적 가치 그 자체였습니다. 그것을 우리 삶과 떼어 분리시킴으로써 삶은 마치 고루하고 단조롭고 무감각하다고 여겨서는 안됩니다. 그 모든 것이 바로 우리 삶의 부분이었고 지금도 그러한 삶의 일부이기에 가치를 얻고 있으며 여전히 예술은 우리 삶을 자극하고 세계를 자극하고 또 이 삶과 의식이 예술을 자극하고 우리 스스로를 자극합니다.

우리는 아주 멀리 나아가 우주와 미지를 탐험하면서 새로운 세계의 지평과 이해를 넓히고 세계를 파악한다고 여기고 있으나 그것은 결국 우리 자신을 이해하는 것입니다. 우주로 나아가 달에 다다르지만 결국 더 잘 알게 되는 것은 푸른 별... 지구이고 그 지구에 살고 있는 인간이며 바로 나 자신인 것입니다. 아주 먼 길을 통하여 먼 곳을 향하여 갈수록 고향에 대한 향수와 나에 대한 물음이 그것입니다. 우리가 건축을 통하여 더욱 먼 미래와 훌륭한 가치를 얻는다는 것은 것은 결국 인간과 주변의 삶을 가치있게 하고 그것의 의미를 드러내는 것입니다. 동시에 그러한 과정에서 삶을 풍부하게 하는 것입니다. 예술이 그러하듯 건축 역시 삶과 매우 가까이 존재하고 그것을 담고 있습니다. 인간의 삶의 과정은 바로 건축하는 과정이고 끊임없는 탄생과 죽음, 생성과 소멸, 다가감과 멀어짐, 닫힘과 열림, 은폐와 드러남, 낯설음과 익숙함의 반복입니다. 그러므로 삶은 생기있고 반복되고 멈추지 않습니다.

우리의 삶이 그러하고 건축이 그러하고 건축이 예술로서 그러할 것입니다. 중요한 것은 그 과정에서 스스로를 얻는 것입니다. 예술 속에서 얻는 멋진 건축물은 결국 나의 길이고 그 먼 깨달음과 행복의 끌어안음입니다. 그것이 아니라면 여러분과 나는 아무것도 얻을 수 없습니다.

건축은 그 어떤 예술과도 다른 범위와 깊이를 가지고 있습니다. 그것은 현실이며 동시에 경험에 있습니다. 그리고 생활 속에서 누리고 함께 변화하고 상호작용하는 것입니다. 그러므로 건축은 감각과 인식의 대상으로 머무는 것이 아니라 세계의 적극적인 변화에 관여하는 예술입니다.

건축은 인간의 삶을 담고 있고 스스로의 형태도 생산합니다. 그리고 그러한 인간의 행위와 건축물의 밀집은 도시적 양상들을 불러왔습니다. 이제 예술은 여럿이 모여 있는 도시 속에서 가능한 문화처럼 받아들여집니다. 그것은 예술이 소통할 수 있고 공유할 수 있어야 한다는 전제를 가지기 때문입니다.

예술을 통한 세계의 만족 역할과 가치

건축은 예술로서 세계의 여러 분야와 사람들 그리고 역사 속에서 어떠한 역할을 해 왔습니까 그리고 권력을 가진 자, 믿음을 원하는 자, 사회의 안녕과 교육과 윤리에 기여하기 위하여 어떠한 역할과 가치를 지니고 있습니까

지금까지 예술은 역사를 통하여 자신의 의미와 역할을 바꾸어 왔습니다. 그것은 시대에 따라서 요구된 목적과 가치의 차이 때문이었습니다. 그리고 그 시대마다의 문화적인 차이와 지역적인 차이 그리고 정치, 경제, 사회적인 요소들에 의하여 건축은 다른 예술이 되어야 했습니다. 예술은 역사에 그리고 지구상의 모든 사회에 그리고 이 세계의 모든 사람에게 기여하고자 합니다. 그렇기 때문에 그 복잡한 형식과 다양성이 구체화되어 왔습니다. 건축은 스스로의 아름다움과 삶의 무대라는 점에서 강력한 통제의 도구이며 상징의 표상이 되었습니다.

건축은 그것을 창조하는 사람과 소유하는 사람, 대변하는 사람과 이용하는 사람, 바라보는 사람과 들어서 있는 사람들 사이에 존재하는 관계를 설정해 왔습니다. 그러한 관계는 정치적이고 사회적이며 문화적인 양상을 드러냅니다. 그러므로 역사적으로 건축물을 변화시켜 왔고 세계의 여러 곳에서 나름의 건축적 형식과 구조를 발전시켜 왔습니다. 그렇게 보자면 예술이란 그러한 가치의 가능성을 고양시키고 동일한 아름다움의 매개체로 전환시켜온 작업이며 동시에 그것을 극복하고 새로운 가능성을 얻는 작업입니다.

그 과정에서 예술은 세계를 드러내는 방식이 되었으며 그것은 세계의 숭고한 형식을 보여주는 노력입니다. 철학과 과학은 사유와 이성의 논리를 통하여 정식화된 세계를 구축하고 구체화해 왔습니다. 예술이 인간의 삶에 기여하는 것은 존재하는 것의 숭고한 가치를 유지하는 것이고 삶의 아름다움을 지켜내는 것이기도 합니다.

Temple of Isis. Philae. B.C. 250경

오래된 문화의 건축물은 그 시대에 누가 어떠한 정치적 권력과 종교적 활동을 하였는가에 대한 해답이며 그러한 과정에서 생겨나는 삶의 모습들을 보여줍니다. 사회의 구성원과 조직, 믿음과 윤리적 체계, 종교적 활동과 내세관, 그들이 살아가는데 무엇을 가장 중시하고 지키려고 했는가를 읽어낼 수 있습니다. 그것은 그 시대 사람들의 삶의 모습입니다. 그 모습에서 자연스럽게 드러나는 것은 그들이 살아가는 세계의 모습과 그 시대의 주인인 사람들의 의식과 삶입니다. 그러므로 건축물은 그러한 삶과 연관된 의식을 구체화한 것입니다. 음각된 내용들은 권력자의 힘과 권위가 신으로부터 드러난 것이며 이 장소는 그러한 신에게 제사 지내는 곳이며 그 신의 힘을 빌어 국가의 중요한 일을 기워 하는 곳임을 보여줍니다. 그들이 믿고 있는 신과의 관계는 세계를 이해하는 방식이고 그들이 신을 통하여 미지의 것과 이해할 수 없는 것을 받아들이는 사회임을 보여줍니다. 건축은 그 모든 것의 구체화된 실체입니다.

Bodobudur Temple. Java.800.c.

인도인들에게 세계는 성스러운 산스크리트어 베다에 그려진 수많은 신과 소통의 공간이며 종교적 삶과 신성함을 그려낸 건축물에서 두드러집니다. 그들은 그들이 살고 있는 세계의 믿음을 예술적인 표현으로 나타내고 그 과정에서 자신들의 삶의 과정을 함께 생산했습니다. 인도인들의 종교적 삶과 세계의 이해는 그러한 건축적 무대에서 강화될 수 있었습니다. 종교적 성상과 사원은 그들이 믿고 생각하는 세계의 철학이며 공간적 이해입니다.

과거의 거의 모든 건축물들이 그들 사회가 가진 문화와 신념, 사회구조와 의식, 종교와 일상, 세계관, 민족의식, 세계 창조, 신의 구조와 권력에 따라서 결정되었습니다. 그들이 무엇을 드러내는가와 무엇을 보아 왔고 믿어 왔는가에 따라서 건축물은 역사적 전통을 유지하였습니다. 그러므로 그 건축물은 우리가 존재하는 세계의 안정된 구조이기도 합니다. 오늘날 건축 예술이 우리에게 드러내는 믿음과 가치는 과연 무엇입니까 ?

북경 천단. 1420.

Policratos. Epidauros

그리스인들은 그들의 복잡한 건축물을 생산했습니다. 그들은 집회장과 관공서, 체육관, 경기장, 극장, 대욕장 등을 창조했습니다. 그러한 공간들은 사실상 맨 처음 인간이 자신들이 살아가는 방식과 내용을 풍부하게 할 수 있었던 근본적인 무대였으며 터전이었습니다. 그들은 모두 이 세계를 맨 처음 개척하고 자신들이 세계의 주인이 되고자 했습니다. 그들은 야외무대를 만들고 열광적인 디오니소스 숭배의 의식과 합창, 무용과 공연, 희곡과 연설을 진행했습니다. 그들은 뛰어난 음향효과를 지닌 항아리 형태의 공명기를 따라 극장 형태를 완성했습니다. 그들은 놀라운 문화와 그 문화를 진행하고 담아낼 수 있는 시설들을 실체화했습니다. 건축은 바로 인간의 삶을 구체화하는 예술이었습니다.

Jaisalmer, Rajasthan, India

세계의 모든 지역에서 그 지역의 풍토와 기후에 적절한 건축물을 발전시켜 왔습니다. 그것은 어떠한 이념과 경합하여 구체화된 세계에 존재할 수 있는 형식입니다. 동시에 그 건축물이 갖는 공간의 단계와 구조적인 관계들이 삶의 요구와 문화적 의식에 의하여 정교해졌습니다. 오랜 세월 동안 구체화된 형태의 감각은 조형적인 실험과 선택으로 복잡한 원리와 원칙들을 만들어냈습니다.

Bramante. Michelangelo. San Pietro. 1626.

건축은 인간이 갖는 감각의 세계를 통하여 드러나는 새로운 시야와 지평을 열어내는 것입니다. 그렇게 해서 우리는 전혀 다른 의식과 사고에 접근하고 있습니다. 감각과 감정의 자유로움은 인간을 더욱 해방시키고 충족시켜주고 있습니다. 세계를 바라보는 이성적 체계가 잃어버렸던 인간의 본래 모습을 드러내는 것입니다.

인간은 삶에서 가장 중요한 요소를 지켜가면서 그것을 그러한 기능만으로 멈추는 것이 아니라 삶이 담고 있는 풍부한 의미들을 함께 수용하고 의식과 가치를 집적했습니다. 그렇게 되면서 단지 먹고 마시고 입고 잠자고 쉬는 것이 아니라 삶의 문화라는 것을 더욱 발전시킬 수 있게 되었고 그러한 과정들은 모두 훌륭한 아름다움과 가치의 과정으로 받아들여졌습니다. 이제 삶은 우리가 드러낼 수 있는 가장 아름다운 과정입니다. 그렇게 된 것은 세계의 주인공이 과거의 귀족도, 황제도, 교황도, 권력자들도, 사제들도 아닌 나 자신이 될 수 있기 때문입니다. 건축 예술은 웅장한 권력기구와 성스럽고 경이로운 신전과 성전을 구축하는 것 이상으로 발전했습니다. 아름다운 정원과 거실, 창의 빛과 공간의 변화, 즐거운 시야와 활동의 무대가 개개인의 삶에 관계하기 시작했습니다. 예술은 거대한 권력과 힘이 아닌 풍요로운 가치로서 전환되었습니다.

그러한 나의 삶을 창조하는 것은 바로 세계의 가능성과 긍정적인 창조, 인간적 삶의 위대함을 부추길 수 있습니다. 예술을 통하여 인간이 감동하고 기쁨을 얻고 풍족해지는 것 이상으로 인간 스스로의 가치와 감각과 의식을 고양시키고 나 자신과 나를 둘러싼 세계의 가치를 상승시키는 것입니다. 우리 시대의 예술의 가치는 세계를 드러내는 방식입니다. 그것은 결국 우리 모두가 예술의 수혜자가 될 수 있다는 것입니다. 그렇게 됨으로써 인간은 모두 만족할 수 있고 더 행복해지고 스스로의 삶과 가치를 추구할 수 있다는 것이 됩니다. 무엇보다도 그러한 가능성이 경험에서 멈추는 것이 아니라 삶에서 창조의 과정으로 변화하는 것이 중요합니다. 건축이 그러한 가장 가까운 예술의 가능성을 열어준다는 것은 삶의 무대를 제공하고 인간이 스스로 창조할 수 있는 계기와 여건을 부여하기 때문입니다.

Andrea Palladio. Il Rendentore. 1577~1592

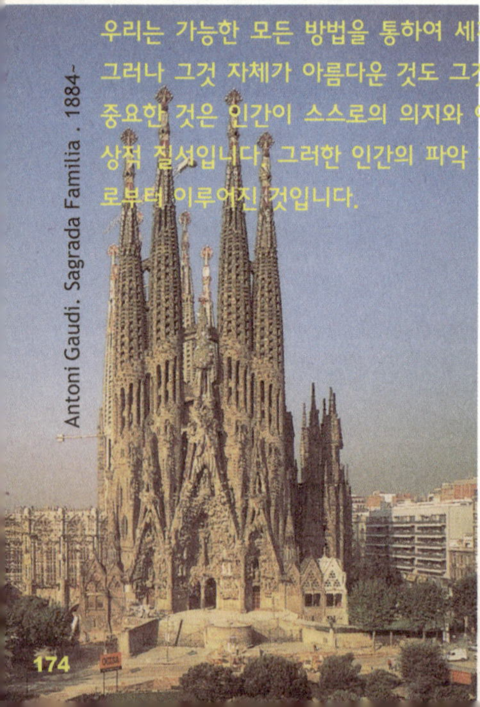

Antoni Gaudi. Sagrada Familia . 1884~

우리는 가능한 모든 방법을 통하여 세계의 창조물들에 질서를 부여해 왔습니다. 그러나 그것 자체가 아름다운 것도 그것이 가장 훌륭한 지고의 목적도 아닙니다. 중요한 것은 인간이 스스로의 의지와 이성과 감성을 통하여 부여하는 세계의 추상적 질서입니다. 그러한 인간의 파악 가능한 질서는 세계의 추상과 형식의 창조로부터 이루어진 것입니다.

◀ Francesco Borromini. San Carlo alle Quattro Fontane. 1638-1677

William Thornton + Benjamin Henry Latrobe. Congress. 1867

우리는 예술을 통하여 수많은 형식을 생산하고 창조합니다. 그것은 존재하는 세계의 질서이거나 이성적으로 파악 가능하거나 감성적으로 기쁨을 주는 것들입니다. 그러한 요소들이 다른 요소들과 만나서 관계를 이루고 그 관계의 정도와 양을 결정해 오면서 수많은 건축양식과 수법들을 만들어 왔습니다. 그러한 예술의 과정에서 진정으로 얻게 되는 것은 우리 주변의 인식 가능하고 이해 가능하며 나에게 파악 가능한 세계와 관점을 얻는 것입니다. 그러한 이해의 통로는 우리가 깨달을 수 있는 지적인 수단들을 통하여 이루어지는데 그것이 바로 세계 속에서 존재하는 많은 관계들입니다. 양식일 수도 있고 오더의 법칙이나 비례, 기하학 등일 수도 있습니다. 그러한 이해의 통로를 마련하고 우리는 점점 더 많은 의미들을 형태에 부여할 수 있고 조작할 수 있게 된 것입니다. 통제 가능한 예술의 수단을 얻게 됨으로써 세계는 점점 더 이성적이거나 감성적으로 혹은 감각적으로 파악 가능한 관계들을 유추하고 그것을 추상화하고 관계를 질서짓게 하는 것입니다. 세계의 가능성과 아름다움은 바로 그러한 창조의 가능성이고 역할이고 가치입니다.

◀ Christopher Eren. At. Paul Cathedral. 1710

건축은 예술로서 무엇을 표현해 왔습니까 그것은 시대적으로 무엇의 표현이었습니까 그것은 무엇을 알리기 위한 것이고 드러내는 기록이었습니까?

힘과 가치의 예술

시대의 상징과 영향력

예술이 가지고 있는 무한한 가능성은 인간이 바라보는 자신과 자신으로부터 파생된 모든 반응과 작용들 그리고 그 대상과 무수한 개체로 드러나는 세계, 거기에다가 그 세계의 모든 것의 관계를 파악하고 그려내는 것입니다. 우리가 과학을 통하여 세계를 구체화하고, 종교적 신앙을 통해 삶과 세계를 이해하고, 자본과 노동력의 관계로서 현대의 자본주의적 사회를 이해하듯이, 예술은 우리 자신이 파악하는 바를 드러내고 인간의 정서와 감각을 통하여 반응하고 살아있음을 끊임없이 재확인하는 노력이며 과정입니다. 그러므로 예술은 인간이 지켜온 고매한 이상과 맞닿아 있고 근원적인 물음과 삶의 가치와 행복에 근접해 있습니다.

그러한 이해를 드러내는 예술의 표현과 의미들은 지금까지 가장 훌륭하다고 믿고 가장 가치있고 아름답다고 여겨지는 것을 드러내고 그것을 은유하고 상징하고 구체적으로 정교하게 형식화하여 표현해 왔습니다. 그것은 건축 역시 마찬가지입니다. 그러나 그러한 모든 것에 반드시 훌륭한 것과 그렇지 못한 것, 가치있는 것과 그렇지 않은 것, 아름다운 것과 그렇지 않은 것, 좋은 것과 나쁜 것이 존재하는 것은 아닙니다. 실제로 남겨져 있는 것은 인간의 의식이고 무엇을 중요시 여기고 있으며 그 중요한 것이 그 사회에 어떠한 역할을 하고 있으며 가치의 근거가 되고 있는가를 보여주는 것뿐입니다. 그러므로 선하고 착하고 아름답고 훌륭하고 좋은 것은 바로 유용한 것이며 그 모든 존재적 체계를 지탱하는데 도움이 되는 것이 정립된 것이었습니다. 그러므로 그 모든 의식과 믿음과 권력, 종교적 신앙, 자본, 인간의 감정들이 끊임없이 변화하며 역사의 테마를 만들어내는 것입니다.

그 테마는 수천년간 그 예술성을 드러내는 작품으로서가 아니라 누가 누구에게 이야기하고 그것이 무엇을 이야기하고 그 이야기로 무엇을 얻고자 하는가에 관심을 기울일 필요가 있습니다. 그것이 아름답다고 훌륭하다고 위대한 행위라 그리고 사건이라 이야기하는 데에는 드러나지 않은 의미가 존재해 왔습니다. 그 요체를 둘러싼 관계에서 진정한 의미가 있습니다. 우리가 볼 수 있고 창조할 수 있는 모든 예술의 대상들은 바로 그 시대가 갖는 관계의 표현이고 집약체입니다.

그러므로 여기에서 몇가지를 찾아볼 수 있습니다. 그것을 이야기하는 주체가 절대적인 권력의 소유자로부터 종교적 세계의 지도자로부터 왕권과 귀족으로부터 독재자로부터 자본가로부터 ... 우리 개인 모두에게로 넘겨져 왔다는 것입니다. 이제 우리가 우리의 이야기를 할 수 있고 누구에게나 이야기할 수 있게 된 것입니다. 우리는 단지 듣고 따르고 느끼던 개인으로부터 자유롭게 누리고 반대할 권리를 얻은 것입니다.

그 결과 그러한 예술을 경외스럽게 바라볼 뿐 소유할 수 없었던 모든 사람들은 이제 자신의 의지에 따라 선택하고 판단할 수 있게 된 것입니다. 또 그것은 복종과 제안과 통제와 교육의 의미에서 인간의 의식과 감각과 감정의 이야기로 전환된 것입니다. 그 모든 것이 거대한 강제와 권력의 범위로부터 개개인의 존재적 경험의 범위로 변화할 수 있게 된 것입니다. 결국 예술은 인간의 모습과 역사의 과정을 담고 있으며 그것을 이성적이고 강제적인 방식이 아닌 통로를 이용하여 보여줍니다.

Maya Pyramid of Magician. Apotheosis of Uxmal.

인류의 기원에서 드러나는 거대한 건축물은 그 시대를 지탱하는 강력한 믿음과 세계의 질서 사이에 존재하는 의식의 장소들이고 상징입니다. 그것은 인간의 죽음과 탄생, 만물의 존재와 기원, 위대한 창조와 신의 권위, 현세의 가치와 의무, 윤리와 삶의 의식들에 깊이 들어서 있는 어떠한 믿음의 표현이었고 그것을 통하여 그들은 세계를 이해하고 더욱 안정된 삶을 유지할 수 있다고 생각했습니다. 그들이 지닌 믿음을 실현하는 것은 바로 그러한 구체화된 행위와 의식의 반복이었습니다. 그러므로 집단은 더욱 통일된 삶의 방식을 유지하고 더 큰 사회 조직을 단순한 방식이지만 통제하고 유지할 수 있었습니다. 건축은 그 모든 존재적인 행위들의 배경이 되었습니다.

그 곳에서는 산 자를 제물로 바치기도 하고 제의를 올리기도 하고 아픈 자를 낫게 하고 위대한 자를 탄생시키는 장소이자 공간이고 그러한 힘이 있는 자가 소유할 수 있는 실제로 존재하는 대상이며 의식 속에 유지되는 더 큰 세계... 살면서 겪고 느끼는 모든 행위와 의식의 배경이 되는 공간 속에 중요한 축이 되고 중심이 되는 대상이었습니다. 그들은 결국 물리적으로나 정신적으로 그 대상을 중심으로 움직이고 행위하고 함께 살아가게 된 것이었습니다. 당연히 거대하고 높은 것은 이 세계에서 더 큰 중심이 될 수 있고 변화하지 않는 시간의 이정표를 제시하는 것이었습니다. 건축은 바로 그러한 삶의 의식을 강력하게 부여잡는 실체를 창조하는 예술이고 의식이었습니다.

Temple of Hephaetus. B.C. 5C. Greece

Trajan's Grand Plan of Forum. Rome. 112.

그러므로 이 놀라운 공간과 건축물들은 모두 단순히 웅장하고 아름다운 것으로서만 존재하는 것이 아닙니다. 이 안에는 위대한 의지와 무엇인가를 전하고자 하는 누군가의 뜻과 그것을 경외스럽게 바라보고 세계를 이해하던 많은 사람들이 존재한다는 것입니다. 그들에게 그 공간과 형태는 가장 훌륭한 표현이며 세계의 해답이었습니다. 그것을 어떻게 풀어내고 무엇으로 드러내고자 했는가는 그 시대의 방식이 존재합니다. 단순히 시간적 발전과 지리적 차이가 보여주는 것 이상의 것들이 담겨 있습니다.

Notre Dame du Port. Nave. 1150.

Multifoil Arches. Great Mosque's Maqsura. Cordoba.

Stonehenge. Wiltshire. England. B.C. 2000

생각해 보자면 이 거대하고 웅장한 건축물들은 바로 세계의 모습입니다. 인간이 할 수 있는 역량 전체를 드러낸 실체입니다. 즉 이것은 세계를 통해 가능한 권력과 노동력과 신앙과 자본과 존재적 가치를 모두 집약시킨 것입니다. 그것은 그들이 보아온 세계의 모든 지식입니다. 스톤헨지의 환상열석들은 시간과 계절의 주기에 잘 맞추어져 있습니다. 그것은 그곳이 세계의 질서를 통하여 구축된 것임을 보여주고 당시의 삶의 모습이 그러한 시간과 계절과 해의 바뀜에 크게 영향을 받아왔기 때문입니다. 그것을 기원하고 극복하고자 하는 것을 직접적으로 드러내 보여줍니다. 그 곳은 우주의 공간이고 삶의 원리가 드러나는 곳이기도 했습니다.

Audience Hall of Darius and Xerxes. Persepolis
B.C. 500 c

수백개의 기둥이 늘어선 다주실에 들어선다는 것은 그 왕과 세계를 지배하는 제국의 힘을 보여주고 그들이 무엇을 얻고 있으며 그들에게 복종하고 더 많은 제물을 바치고 위대한 세계의 일원이 되어야 할 것을 이야기했습니다.

Amon Temple. Karnak.
B.C. 320 c

Temple of Septimius Severus. Algeria. 2 C.

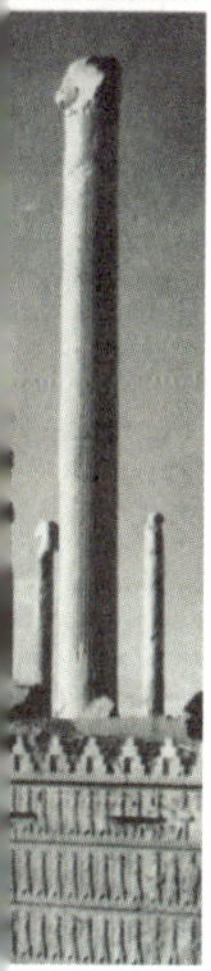

세계의 드러나지 않은 비밀과 신비로움 그리고 인간존재의 삶을 지켜내는 믿음과 가치들을 지탱하고 있는 질서들이 건축에는 담겨져 있습니다. 건축물이 어느 곳을 향하고 무엇을 담고 어떠한 기원과 의식들이 이루어졌는가가 그것을 대변합니다. 우리는 세계 속에서 변화하지 않고 안정되고 의미있는 상징과 질서를 찾고자 했습니다. 그것은 건축물 자체이기도 하고 건축이 드러내는 이야기이기도 합니다.

Saint Pierre. Vienne. 15C

원시제의
축제
권력
신앙
자본
권위
명예
사회
인간
존재
자유
감정
. . . . .

따라서 건축은 고고학적 발굴의 대상이며 사회학과 역사학의 예술과 문화의 본체가 되는 것입니다. 때때로 우리는 세계를 파악하고 그 안에서 깨닫는 질서를 구체화하지만 우리 스스로 살아가는 방식을 그려 넣기도 합니다. 그것이 인간의 삶입니다. 필연적으로 그 안에는 삶의 투쟁과 질시와 원한, 사랑, 믿음, 고통, 행복, 기원을 담게 됩니다. 그 총체적인 관계를 이해하는 것은 우리 자신의 몫입니다. 그 안에서 힘의 관계를 지켜 보든지, 아니면 경제적인 관계, 노동력의 착취와 억압, 계급제도와 노예제도, 강권적인 독재와 호화로운 왕권과 귀족의 삶을 발견할 수도 있습니다. 그것은 오늘날과 같은 자본주의와 민주주의 체계에에서도 결코 다르지 않습니다.

on of Temple of Horus. Edfu. B.C. 70 C

BC 30000 BC 8000 BC 5000 BC 3000 BC 2000 BC 1000 AD 0 500 1000 1500 1700 1800

위대한 건축물은 강력한 의미와 메시지를 전달합니다. 그것은 형태와 공간의 예술적 가능성이 아닙니다. 그 안에는 힘이 존재합니다. 인간이 무엇을 생각하고 무엇으로 살아가고 무엇을 위하여 삶을 누리는지 그리고 그 가치는 무엇에 귀속되는가에 대한 답입니다. 우리는 단지 건축물을 구축한 것이 아닙니다. 그 건축물은 반드시 누군가가 사회와 권력과 자본과 질서에 따라서 구축한 것입니다. 여기에 복잡한 상호작용이 있고 문화를 담는 근본적인 이유가 존재합니다.

1900 1950 1965 1970 1975 1980 1985 1990 1995 2000 2005

그러한 의도는 시간이 가면서 무수히 변화해 왔습니다. 그것이 사회와 문화의 요구사항이기도 했으며 그 안에서 건축이 존재하는 이유이기 때문입니다. 건축은 원형의식, 공동체의 안정, 의식, 축제, 종교, 권력, 명예, 기념비, 자본, 사회의식, 전쟁, 인간의 존엄, 자유, 이성, 감각에 호소하는 것이고 그것의 가치를 담고 있는 것입니다. 그 모든 것은 인간으로부터 시작된 자연과 다른 관계의 질서입니다. 인간은 여전히 세계에 질서를 부여하고 있습니다. 그것은 곧 힘이고 형식이 됩니다.

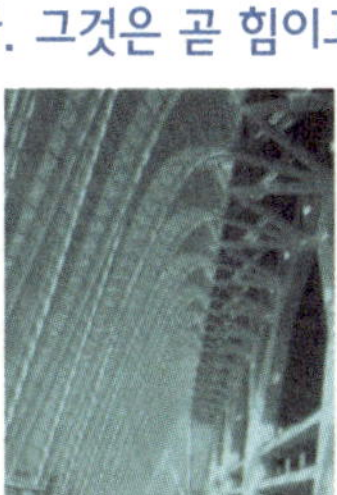

건축물에는 인류가 살아가면서 만들어 놓은 문화와 가치들의 흔적들이 각인되어 있습니다. 그것은 인간이 어떠한 과정에서 어떠한 여건을 선택하고 스스로의 존재를 구축해 왔는가에 대한 흔적입니다. 인간이 왜 그러한 방식으로 성장하고 스스로의 인류의 문화를 번성시킨 것인가에 대한 실마리는 그들의 의식과 구체화된 환경의 관계에서 찾을 수 있습니다. 그들이 길을 내고 그 길의 크기와 길이 닿는 곳을 결정하고 무엇을 건축하고 어떻게 어떠한 재료로 어떠한 형태를 선택하였는가는 그러한 건축물이 존재하는 지역과 거주민들이 선택한 결과입니다. 그들이 쓰는 재료와 형태와 공간의 의미들이 실제로 그들이 선택한 삶의 내용이고 의식 자체였기 때문입니다. 그들은 스스로 자신의 환경을 위하여 더 나은 무엇인가를 창조하고 그 대상을 통하여 삶의 무대를 구축했습니다. 인간이 자신의 환경을 더욱 풍부하게 만들어갈수록 그 안에서 가능한 행위와 가치와 여건들은 늘어났습니다. 인간은 점점 더 많은 것을 누적시키고 가능성을 구체화했습니다. 결국 인간이 구축한 것은 자신의 외부가 아니라 자기 자신입니다. 우리 자신이 갖는 영원한 질문은 결국 스스로에게 행하는 것입니다.

Cathedral of Cologne. 1300 경.

SOM. Gordon Bunshaft. 1952.

인간은 그들이 살던 거주지를 확장해 갔습니다. 그 확장된 영역과 영역들 사이에는 길이 생겨났습니다. 그들이 얻을 수 있는 생활의 여러 소유물들은 맨 먼저 농경과 같은 방식의 생산을 통하여 목축과 채집, 사냥을 통해서 점점 더 증가했습니다. 그렇게 증가하던 여러 생산물은 종종 자신이 생산할 수 없는 다른 물품과 교환을 통하여 얻을 수 있었습니다. 그러한 교환은 곧 무수한 사람들 사이에 생산의 가치, 사용가치 이상의 이익을 생산하는 것이고 또한 교환의 가치를 얻고자 하는 많은 사람들의 욕망을 낳았고 그것은 바로 교역이고 곧 시장(市場)을 만들어냈습니다. 이익을 통하여 사람들이 더 많이 모이고 그러한 장소가 번성한 도시(都市)를 구축하기 시작했습니다.

그들은 자신이 살아가는 동안에 필요한 것을 만들고 사용하고 구체화하였습니다. 동시에 존재하는 것이 어떻게 이루어져 있고 그것을 어떻게 질서지어야 하며 세계를 어떻게 이해해야 하는가에 대하여 고민하고 내용을 만들어냈습니다. 인간은 보이는 세계만을 만든 것이 아니라 그 보이는 것을 구축하는 동안 원래 존재한 세계와 존재한 세계 이면에 풀어낼 수 없는 무수한 의미와 진실들을 이해하고 정립시키려고 했습니다. 인간은 의식을 가지고 있었기 때문에 세계에 적응함과 동시에 추상적인 질서 안에서 파악하고자 하였습니다.

John Vanbrugh + Nicholas Hawkmoor. Blenheim Palace. 1722.

우리는 모두 단지 존재하는 것이 아니라 나의 의식을 통하여 세계 속에 존재합니다. 우리가 감각하고 지각하고 이해하는 과정에는 필연적으로 세계와의 반응이 존재하고 그 반응은 어떠한 판단과 수렴의 과정을 거쳐서 안정된 상황을 구축합니다. 인간은 그러한 이해의 과정에서 드러나는 결과와 세계의 인과관계와 존재하는 것의 차이, 종합적인 체계를 통하여 자신의 존재적인 확증을 동시에 얻고자 했습니다. 우리가 처해 있는 세계의 불완전성과 이해 불가능함은 바로 나 자신의 불안과 불확정성을 부추기는 것이기 때문입니다. 그러므로 인간은 스스로 이성과 감성 혹은 믿음과 직관을 통하여 존재와 자신을 둘러싼 세계에 관하여 파악하는 것입니다.

Vladimir Tatlin. Tatlin Tower. 1920.

그리고 그 결과를 창조하는데 그 중에서 인간이 스스로 구축한 물리적 지적 세계를 드러내는 것으로서 가장 거대한 것이 건축입니다. 그러한 건축은 인간이 스스로 파악한 세계의 확정성을 물리적으로 구체화하여 만들어낸 것입니다. 우리는 끊임없이 주장하고 이해하고 파악하고 세계를 변화시킵니다. 그리고 그것을 통하여 새로운 자신과 환경에 직면합니다.

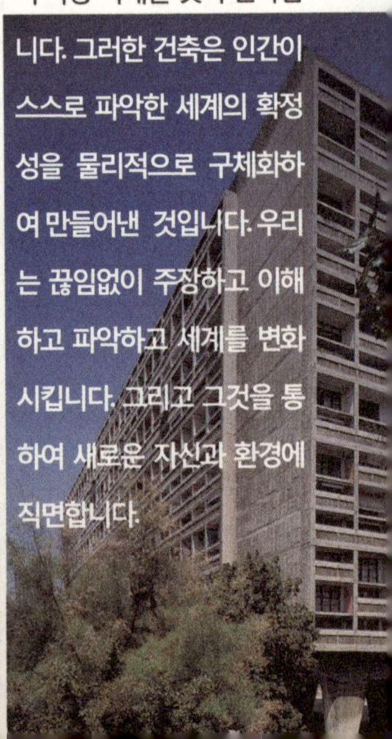
Le Corbusier. Unite d'Habitation. 1952.

사람들은 물론 도시 안에서 자신들의 세계를 구축하고 그 세계를 유지하기 위한 질서가 필요하다는 것을 알았습니다. 그러한 질서는 강력한 제도와 군사력 혹은 계급제도와 종교, 혹은 민간신앙과 전설, 신화, 사회적 관습, 예절, 교육제도 등 모두 그 사회의 구성원들이 스스로의 세계를 유지하고 안정을 얻기 위한 체계를 구축한 것이었습니다. 그러한 제도와 문화를 유지하기 위해서 그 안에서 가능한 인간의 행위와 모습과 질서를 담는 건축이 존재해야 했고 정교한 문화의 형식들이 세워지고 만들어질수록 건축물은 더 다양화되고 세련되어져야 했습니다. 건축은 그러한 세계의 관계를 유지하는데 기여해 왔습니다. 강력한 권력의 주체 혹은 사회적 주체와 구성원 사이의 관계를 유지하기 위한 여러 요구들을 구체화하고 확고히 하기 위하여 그들은 스스로의 권력과 제도를 형식화하였으며 건축물에 표현하고 부조와 벽화 등 다양한 기념비적 구축물을 생산했습니다. 거대한 제국을 구축한 국가들은 그들만이 건축물을 남기고 그들 문화와 번성한 사회의 힘을 드러내고 그들 왕조의 전통과 위대함 그리고 그들이 마치 신과 세계, 우주와 관련되어 가장 크고 위대한 존재라는 것을 보여주고자 했습니다.

건축은 그러한 그들의 권력에 기여하는 수단이기도 했고 그 권력을 통하여 유지되는 질서와 사회의식의 표현이고 훌륭한 기예였습니다. 그들 권력의 상징이기 위한 거대한 구조물과 궁전, 성벽과 요새, 신전과 사원 혹은 거대한 자연의 구축물, 분묘와 피라미드... 탑과 도시의 구조물... 그리고 엄청난 자본을 통하여 서있는 거대한 마천루와 현대의 산처럼 커다란 공공청사 건물들이 세워졌습니다. 우리 도시와 전 국토에 크게 다르지 않은 수만, 수십만의 아파트들이 세워지고 그 사이에 조밀한 건축물을 세워 놓았습니다. 인간은 세계를 자신들이 익숙한 구조물로 가득 채웠습니다. 그 건축물은 인간이 현재를 살아가고 있는 모습이며 관계입니다. 오래 동안 인간은 스스로의 가치를 드러내고 발전시키기 위하여 자신의 환경을 동시에 구축해 왔습니다. 그러한 구축된 환경은 인간에게 있어서 안정되고 훌륭한 구체적 현실입니다.

전통적으로 인간은 자신의 존재를 환경과 의식 속에 남기고자 열중했습니다. 고대의 전사들은 용맹함을 드러내기 위하여 사실적인 기록을 남겼습니다. 그들의 도시와 궁전은 모두 하나의 거대한 책이고 문자였습니다. 많은 조각상이 더해지고 벽화와 부조가 새겨졌습니다. 그리고 오늘날까지 거의 모든 장엄한 건축들은 그 시대의 권력을 드러내기 위한 표현이었고 강력하고 무자비한 권력의 상징이었습니다. 왕궁과 관청, 그들의 공공 건축물은 그 힘과 권위를 드러내기 위한 공공연한 무대입니다. 여전히 우리시대의 정부 기관과 그들의 행정기구들 역시 그러한 근엄한 표현에 앞장서 왔습니다. 군사시설, 학교, 병원시설, 교정시설은 사회적인 통제와 권력을 드러내는 대표적인 시설들입니다.

도시의 거대한 도로와 광장, 흐름을 창조하는 네트워크는 통제를 위한 수단입니다. 고대로부터 위대한 도시와 그들의 시장은 더 강력한 도로체계와 건축물들로 치장되고 그 건축물은 더 무겁고 거대한 스케일로 조절되었습니다. 우리시대에는 자본주의 사회의 무수한 재벌들이 자신들의 성전을 세우고 있습니다. 최근에 와서 몇몇 국가에서 그들의 권력기관 혹은 의회가 시민들과 의사소통하고 의식을 공유하기 위하여 새로운 형식을 찾아내고자 하고 있습니다. 그들은 스스로의 힘과 강제력을 다른 모습으로 보여주고자 하며 이 사회의 모습이 다른 것으로 비춰지고 작동하기를 바라 있습니다. 새로운 권력기관은 은폐되고 비물질화되고 투명성을 드러내기 시작했습니다.

그들이 보여주고 있는 유리와 가냘픈 프레임 저편에 존재하는 공간이 은폐되지 않고 드러남으로써 스스로의 존재와 외부를 소통시키려 하는 것입니다. 그러한 경계의 혼합과 층위의 파괴, 공간의 관입으로 경계의 흐트러짐은 대화와 커뮤니케이션을 낳고 소통을 낳는 것으로 여겨지고 있습니다. 그것은 건축물이 갖는 경계의 차단과 단절을 극복하기 위한 수단이기도 했습니다.

그러나 여전히 이 세계는 층위가 존재하고 거대한 힘과 관계의 누적입니다. 그 안에는 점이가 존재하고 차이와 종적관계가 존재합니다. 그것을 통제하는 방식이 변화한 것입니다.

오래 동안 건축이 가진 영향력은 강력한 힘으로 작용해 왔습니다. 오늘날에도 그것은 크게 다르지 않습니다. 우리가 살아가는 모든 곳은 대부분이 인간이 창조한 인공적인 환경입니다. 그 안에서 삶을 유지해야만 하고 그 문화가 생산한 행동의 양식과 경우들을 받아들여야 하기 때문입니다. 그러한 측면에서 보자면 건축은 자연적인 것과는 너무나 먼 대상임이 분명합니다. 그리고 도시는 바로 그러한 모든 문화를 밀집시키고 과도화하여 구축한 네트워크입니다.

서울야경 . 2008

종합예술 공간예술

예술의 안주인 삶의 예술

건축을 예술로 바라보는 시각은 너무나 다양합니다. 그것은 어떠한 관점에서 생겨난 것이고 그것을 예술로 지칭하는데 있어서 어떠한 변화를 겪어 왔습니까 그리고 그것은 결국 무엇을 의미하는 것입니까 ?

건축이 예술의 반열에 들어서고 가장 훌륭한 예술의 분야로 인정받은 것은 그다지 오래된 것은 아닙니다. 처음부터 건축은 예술이라기 보다는 삶의 많은 부분들을 채워주던 기술들의 하나로 여겨졌습니다. 그것은 어떠한 아름다움이나 가치를 부여하기에는 부족한 것으로 여겨졌습니다. 건축가의 위상은 고대에는 작업의 지도자로서 여겨졌고 일반적으로는 제작자 혹은 숙련된 기술자였습니다. 그러다가 건축은 최고의 예술이 되었습니다. 그러나 그들이 받아들이는 예술로서 건축은 음악이나 시보다는 한 수 아래의 것으로 여겨져 왔습니다.

중세에는 일곱 교양학과가 있어서 거의 모든 인간의 노력과 능력이 일곱 가지의 기술에 속하는 것이고 그것을 중심으로 이해되었습니다. 그러다가 더 많은 기능과 예술들이 그 안에 포함되었습니다. 건축은 당시에까지 건축은 건축술(ars architectura)로 분류되었습니다. 건축이 최고의 예술로 받아들여지는 결정적인 계기는 형태와 장식을 통한 표현이 아니라 공간을 다루는 예술로서 인식되면서부터입니다. 보이지 않는 비어있는 공간의 관계와 그것을 드러내서 인간의 감정과 이성에 호소하는 건축은 다른 어떠한 예술보다도 높은 수준의 예술이 된 것입니다. 동시에 철학과 미학의 발전과 이론적인 토대에 힘입어 건축이 다른 예술로서의 가능성과 폭을 지니고 있음을 공히 인정받을 수 있었기 때문입니다.

무엇보다도 건축은 매우 거대하고 폭넓고 광범위한 기술과 능력을 요구한다는 점에서 종합예술이라 부를 수 있습니다. 건축은 다른 예술의 범위를 이해하고 수용할 수 있어야 하고 그 능력을 필요로 해 왔습니다.

Enric Miralles. Scottiscsh Pariament. 2004.

그것은 건축이 매우 특수한 방식의 예술이라기 보다는 광범위한 영역을 포함하기 때문입니다. 건축을 드러내는 수단과 재료와 표현이 다양하고 그것을 종합해 내기 위한 역량을 요구했습니다. 그리고 건축은 다른 모든 예술 장르의 무대이고 배경이며 그것을 담는 장소이고 감상하고 드러내는 공간을 제공하는 예술이기에 예술 중의 예술이 될 수 있었고 또 예술의 안주인이라 여겨지게 되었습니다.

건축은 단순한 기술 이상의 표현이 가능하고 그 표현을 통하여 인간이 가치있게 여기는 미를 생산하기 때문에 예술이 될 수 있습니다. 그것은 인간이 살아가면서 지키고 이해하는 근본적인 믿음과 연관되어 있고 사회와 문화의 공통적인 가치에 닿아 있습니다. 또 단순히 있는 실체를 생산하는 것이 아니라 그것을 재현하고 재생하고 특정한 형식 내에서 창조한다는 것입니다. 그러나 다른 예술의 범주처럼 모방은 가능하지 않습니다. 오늘날 동일한 재료, 동일한 형태, 동일한 규모, 동일한 기술, 동일한 시공과정을 통하여 거의 유사한 건축물을 생산할 수 있습니다. 그러나 그것은 단순한 모방일 수는 없습니다. 건축물은 그것이 드러나는 장소와 사람들, 행위와 환경의 차이에 따라서 다른 모습을 드러내기 때문입니다.

건축은 형태와 공간과 시간과 존재와 장소 그리고 감각을 창조하고 인간의 행위와 사건을 담는 예술입니다. 그러한 본질은 특정한 형식을 통하여 구현이 되는데 우리는 그것을 형식 이외에도 구조, 구성, 형태, 유형 등의 언어로 이해하기도 합니다. 그러나 분명한 것은 그 드러난 본질이 특정한 형식을 지니고 있고 그것으로 인하여 다양한 차이와 범주를 생산한다는 것입니다. 오늘날 양식, 이즘, 유형, 패러다임 등의 성립은 바로 그러한 차이와 동일성에 의한 개념들이기 때문입니다.

건축 예술은 또한 어떠한 표현입니다. 한 시대, 사회, 문화, 권력자, 소유자, 건축가, 사용자의 표현이고 의지이기도 합니다. 또 예술이기에 당연히 창조의 의지를 통하여 생산됩니다. 그것은 건축이 매우 거대한 예술로서 종합적 능력과 통제의 방식을 요구합니다. 그러므로 건축은 다른 예술과는 다른 새로운 분야를 개척하고 다양한 프로젝트의 통제와 수행방식들을 만들어내고 있습니다.

Frank. O. Gehry. Walt Disney Hall.

그러한 표현의 방식들의 변화는 건축에 있어서 다양한 사고방식에 접근합니다. 그러므로 우리가 알고 있는 일군의 건축가가 갖는 표현의 유상성을 유발하기도 합니다. 그러한 경향들이 사라져 가고 있는 것은 사실이지만 오늘날 더 큰 범주의 건축적 양상들을 드러낼 수 있는 것도 사실입니다. 많은 이론가, 역사학자들이 건축을 그들 나름의 방식으로 분류해 왔으며 그러한 경향들을 더 큰 범주로 종합하기도 합니다. 그러한 표현의 범주들은 각각 다른 개념과 의도를 드러내기도 합니다.

무엇보다도 건축은 그 안에서 어떠한 행위와 사건이 일어나고 삶을 담는다는 것입니다. 그러므로 삶의 예술이며 우리가 스스로 창조하고 변화시켜 가면서 얻어가는 시간과 공간의 내용들을 창조할 수 있습니다. 그리고 그것은 바로 삶의 경험이고 나의 경험이며 의식의 경험이고 동시에 미적인 경험입니다. 여기에서 미가 무엇인가라는 중요한 문제를 만들어냅니다. 미는 다양한 관계에서 파악될 수 있는 정도의 가치이고 집단과 여건에 따라 다른 미적 요구와 가능성을 만들어냅니다. 따라서 다양한 사회에서 다른 요구에 직면하고 그것의 충족과 가능성에 따라서 가치의 판단이 변화하게 됩니다. 미는 결국 절대적인 아름다움이라기 보다는 충족의 가치와 유용성을 수용하게 된 것입니다. 그리고 단정적으로 올바르고 선하고 훌륭하고 아름답고 기쁘고 즐거운 것만이 미가 아니라 그것은 다양한 감각의 폭을 갖는 수용의 방식이라는 것이 받아들여지고 있습니다. 이제 두려운 것, 놀라운 것, 충격적인 것, 새로운 것이 미의 범주에서 강력한 수단으로 등장한 것입니다.

예술은 수용자에게 반응을 유도하고 그것은 충격을 이끌어냅니다. 그러므로 감각과 감정을 이끌어내는 것입니다. 어떻게 보자면 심미적이라기 보다는 인상을 남기는 측면으로 강화되었습니다. 그러한 폭넓은 예술의 성취는 감정의 전달이 아닌 의미와 표상과 의식의 전달이 될 수 있으며 하나의 특정한 양태로 정의하기 어려워졌습니다. 예술은 이제 정의하기 어렵고 성취조차 어려운 과정으로 인식되는 것입니다. 그것은 건축에 있어서나 다른 예술에 있어서도 마찬가지이며 예술가와 감상자 그리고 그 과정에 참여하는 모든 주체들과 관계에 의하여 변화하는 것이 되었습니다.

예술로서의 건축? 혹은 역사로서의 건축?

우리가 예술을 건축과 이어 놓은 근본적인 방식과 기원은 무엇입니까 그리고 그러한 관계는 어떻게 성립되어 왔습니까 건축은 예술로서 어떠한 역사를 지니고 있습니까

건축은 인간의 삶에서 필요한 환경을 변화시키고 구조물을 구축하면서 시작되었습니다. 그러한 구조물은 초기에는 아무런 형식과 형태를 가지지 못하였습니다. 그것은 단지 존재하는 실재였을 뿐입니다. 그러한 우리는 그 첫 구조물을 확인할 수 있습니다. 그것은 흔히 보는 석재의 누적이고 움집이고 동굴이었습니다. 그것은 우리가 알고 있는 단지 채워져 있음과 비어있음의 관계였습니다. 그것은 인간이 얻고자 하는 세계의 질서를 보여주는 것이며 당시에 존재하는 것과 그렇지 않은 것, 이성적으로 파악할 수 있는 것과 그렇지 않은 것의 차이를 보여주는 것입니다. 그러한 존재로서 규정된 실체는 형상(Figure)이라 부르고 있습니다. 그러므로 당연히 비어있는 곳은 배경(Background)이라고 일컫게 되었습니다. 그것은 형태 혹은 형식(FORM)이 아닙니다.

형태는 바로 수많은 요소의 관계와 질서를 통하여 이루어졌습니다. 형상이 가지지 못한 추상적인 질서를 얻는 것이고 그것은 세계를 파악할 수 있는 이성적 사유의 결과로 얻는 지식들을 요체로 하는 것입니다. 그러므로 형태(FORM)는 관계와 질서를 추상적 기하학에서 찾을 수 있게 됩니다. 플라톤으로부터 시작된 기하학적 엄정함과 절대적 질서는 유일한 가치이고 진리였으며 세계를 파악하고 이해하는 통제의 방식이고 절대이성의 과정이기 때문입니다. 그러므로 그 관계에서 척도와 크기, 조화와 리듬, 균형, 질서, 비례가 생겨났고 형태의 관계들을 부르는 다양한 패턴들이 정식화되었습니다. 우리는 그것을 배열, 형식, 배치, 구성이라 부릅니다. 그것이 바로 형태이고 형식이 되었고 고전적 건축의 가장 뛰어난 규정들을 생산했습니다. 그것은 바로 형태의 미학입니다. 형태가 갖는 가치와 감각과 균형은 그렇게 생산되었습니다.

Dolmen Tomb. B.C. 1500.

Oval Hut.

Wall. Jericho. B.C. 7000.

Forum Romana. 4C.

엄정한 기하학적 토대와 감각은 모더니즘에 와서도 변화하지 않았습니다. 그러한 시도는 기하학적 가능성을 넘어서 통제 가능한 면과 볼륨으로 확장되었습니다. 그럼으로써 다양한 볼륨의 관계가 생겨났고 또한 3차원적 형태를 변화시켰으며 병치하고 회전하고 세우고 누적시키면서 만들어내는 과정을 창조했습니다. 그러한 과정에서 드러나는 것은 바로 비어있는 곳의 관계였습니다. 그것은 공간(Space)입니다. 입체는 그 간격과 큼을 통하여 새로운 시각적 가능성을 유도하게 되었으며 그 시각적 표현은 투시도를 통하여 확장되었습니다. 그것은 인간이 스스로 비어있는 공간을 작도하고 통제하고 변화시킬 수 있는 수단을 얻은 것이었습니다. 사실상 그러한 투시도가 존재하기 이전에는 누구도 3차원의 형상을 인지할 수 있는 도구와 수단을 얻지 못했습니다. 그것은 새로운 비전이고 지평이었습니다. 그렇게 때문에 공간은 탄생하고 조율되고 실험의 무대가 된 것입니다.

르네상스 이후 투시도의 발전은 건축양상을 바꾸어 놓은 원동력입니다. 그 투시도법과 원근법은 공간의 거리와 깊이를 만들어냈습니다. 공간은 더욱 분절되고 서로간에 교차되고 변화하였습니다.

Hagia Sophia. Istanbul.

그러한 과정에서 공간을 인식하는 다양한 시점의 변화와 과정이 중시되고 공간은 서로 관입하고 분절되어 총체적 시간의 과정을 드러내고 있었습니다. 그러자 수많은 투시도의 연쇄와 공간의 다면성이 부각되었습니다. 인간이 경험하는 세계의 관계는 존재의 거리이고 공간의 깊이이며 시간의 과정으로 드러났습니다. 인간의 앞과 뒤, 전후, 좌우, 멀고 가까움, 여기 저기는 바로 공간의 체계이고 시간의 거리이고 인식의 깊이가 되었습니다.

그것으로부터 인간은 공간(space)속에서 시간(time)을 구체화하기 시작했습니다. 또한 아인슈타인을 비롯한 과학자들의 4차원적 공간 연구에 힘입어 시공간은 하나가 되었습니다. 건축에 있어서 공간과 시간은 하나처럼 움직여 갔습니다. 공간은 하나의 거리이고 과정이고 흐름이며 네트워크로서 인식되고 열린 전체로서 확장되기도 하였습니다. 공간은 기능에 따라서 그리고 요구에 따라서 관계에 따라서 동선에 따라서 변화하였습니다.

형태는 표준화되고 규격화되어 공업화되었습니다. 대량생산과 산업화에 따라서 규정된 치수와 관계, 모듈에 의한 생산방식을 따르게 되었습니다. 그렇게 되면서 건축의 형태들은 특정한 단위들로 이루어진 종합적인 구축이 되었습니다.

그렇게 되면서 건축 디자인은 예술이라기 보다는 산업디자인으로 변모하였습니다. 우리 주변에 많은 생산물들이 과거의 예술가와 장인들이 생산하고 디자인하였던 과정들을 대신하였습니다. 건축가는 단지 그러한 재료들을 선택하고 계획하는 것에 머물게 되었습니다.

동시에 공간은 더욱 획일화되고 건축물 역시 거대하고 단순한 외피 속에 감추어져 갔습니다. 그것은 인간을 위한 건축이 아니라 단지 건축적인 표현에 멈춰버린 것이었습니다. 결국 많은 사람들이 공간이 갖는 범위와 인식의 이정표를 설정하기 시작했습니다. 바로 장소의 가치가 드러나기 시작한 것입니다. 장소는 어떠한 배경, 터, 무대, 영역, 경계, 울타리, 지점, 여기 저기, 곳, 범위를 드러내고 그 안에서 인간이 생각하고 감각하는 과정과 삶의 내용을 담는 것이 되었습니다. 그 안에서 인간은 더욱 자신을 드러낼 수 있고 스스로를 파악하고 존재의 가능성을 얻게 되는 것입니다. 그곳을 우리는 장소(Place)라 부르기 시작했고 슐츠를 비롯한 학자들에게 장소의 혼(Genius Loci)이 중요시 되었습니다. 그것은 동시에 환경의 관심을 불러오기도 하였고 생태학적 요구를 불러왔습니다.

Junya Ishigami. Kanagawa Institute of Technology, 2008.

공간은 장소로 확장되었고 그 과정에서 장소의 의미들이 부각되었습니다. 인간은 삶을 누리고 스스로를 존재적으로 구축하며 세계를 경험하고 감각하는 것입니다. 그러므로 일단의 사람들에게 건축적 가치는 사실상 우리가 살아가는 경험이기도 했습니다.

모든 가능성의 폭과 자유가 건축적인 의미를 생산한다고 보았습니다. 그것은 어떠한 정해진 틀과 규범이나 원칙이 아니라 자유로움이고 우연성에 의한 가치의 회복이었습니다. 그렇게 해서 이벤트 건축(Event Architecture)이 생겨났습니다. 우리시대의 건축은 그것을 넘어 새로운 가능성으로 향하고 있습니다. 전혀 다른 형태와 공간 그리고 장소의 제공과 사건들, 경험… 그리고 예전에는 상상할 수 없었던 감각의 축제를 얻게 된 것입니다.

Norman Foster Swiss Re headquarters. 2004.

이 세계는 사건과 그 사건을 통하여 지각되고 기억되고 내밀화됩니다. 사건은 이야기이고 시간을 채우는 역사가 되며 하나의 사건은 이미 새로운 무엇인가를 드러내는 것이고 우리는 어떠한 사건을 하나의 개념으로 잡아두고 있습니다. 그것은 내용을 갖는 추상적 의식입니다. 우리가 보고 있는 건축의 무대는 무한한 사건을 생성하고 그것으로부터 감흥을 불러일으킵니다. 여러 사건들은 적당하게 구별되고 그 내용이 구분되고 그러므로 건축물을 여러 종류로 나누고 제 모습과 공간을 구별하게 됩니다. 그것은 우리 자신의 주체적인 대립이기도 합니다. 우리가 그것과 맞서고 새로이 감각하고 이전의 것으로부터 벗어나 새로운 마찰을 일으킬 때 세계는 새로이 구축되는 것입니다. 예술은 그러한 새로운 세계와 접속을 요구하고 변화 속에서 생성됩니다.

우리는 세계에 던져져 있고 그것은 언제나 선택된 것이 아닌 일방적인 여건으로 주어지는 것입이다. 태어나고 싶어 그러한 것도 아니고 성장하고 싶어 나이를 먹는 것도 아닙니다. 그러나 인간은 모두 그러한 과정을 나의 것으로 만들고 파악하고 이해하고 동일화하면서 삶과 존재를 가치있게 만들어냅니다. 그것은 새로운 현실이고 우리가 그것을 통하여 얻는 것은 더 풍부하고 자유로운 영혼입니다. 바로 살아있음을 더 가치있게 하고 행복하게 하는 것입니다. 그러한 주관적인 세계의 창조는 이미 있는 객관적인 세계에 흥분할만한 열정을 불러옵니다. 건축이 무감각한 무대가 아닌 열정적인 삶의 배경이 되어야 하는 것도 바로 그러한 이유라 할 것입니다.

Arge Arazioli Krischanitz. Museum Rietberg Extension. Zurich. 2006.

모든 경험은 감각을 통하여 얻어지고 지각과 이성적 사유를 통하여 추상적 진리에 접근한다고 여겨져 왔습니다.그러나 메를로 퐁티로부터 시작된 감각과 지각의 세계는 존재하는 것과 인간의 존재가 감각으로부터 시작된다는 것을 의미했습니다. 그리고 건축과 삶의 경험은 감각을 시작으로 유지되는 의식으로 시작된다는 것이었습니다. 그러한 세계는 이성적으로 관념적으로 존재하는 것이 아니라 실재하는 세계였습니다. 또한 형태는 점점 더 자유로운 변화를 시도하고 건축 언어 역시 3차원적으로 변화하였습니다.

그리드, 평면, 입면, 단면은 3차원적 형태를 만들어내는 토대가 아니라 3차원적인 볼륨의 잘려진 모습일 뿐입니다. 이제 누구나 3차원적인 볼륨과 관계를 구축하는 것으로부터 건축을 시작하고 모델링하고 시뮬레이션하고 있습니다. 그 과정에서 컴퓨터와 3D 프로그램이 중요해졌습니다. 이러한 프로그램들은 예전에는 불가능한 상황들을 통제하고 조절할 수 있는 방법을 제공했습니다. 가상적 공간과 디지털 스페이스가 건축의 인식적 과정에 매개체가 되기 시작했습니다. 이제 건축은 종이 위에 연필로 자를 옮겨가며 작도하는 시대를 넘어서고 있습니다. 투시도와 모델링은 이미 작업의 과정에서 실험적인 수단으로 변화하고 있습니다. 그리고 그것으로는 더 이상 표현할 수 없는 한계를 드러내고 있습니다.

Coop Himmelblau. BMW Welt. 2007.

Zaha Hadid. Nordpark Cable Railway. 2007.

우리시대는 지금까지의 모든 한계를 뛰어 넘는 새로운 시대이고 그것은 건축적인 결과와 이상, 과정과 목적, 미적 개념과 의지, 건축의 역할과 의도가 모두 변모하고 있습니다. 그러므로 새로운 시대의 주인공은 바로 개인의 자유이며 스스로의 가능성입니다. 새로운 시대의 다양한 감각과 의지는 발전한 기술과 더불어 무한한 실험의 무대를 만들고 있습니다. 매일 매일 새로운 시도와 결과들이 쏟아져 나오고 있습니다. 그것은 더 큰 가능성의 일부분일 뿐입니다. 더 큰 도전과 가능성을 위한 준비일 뿐입니다. 이 시대의 이론과 기술과 경험은 어떠한 변화를 겪고 있고 우리는 그 물결 한 가운데 있는 것입니다.

Bernardes / Jacobsen. Tim Festival. 2007.

Classical-Language		Contemporary Language	
Form	Figure-	Topological	Coiling
Line	Background	Blobs	Organic
Dot	Mass	Flows	Hyperbolic
Medium	Space	Heteropia	Moebius
Shape	Structure	Loop	Projective
Pictorial	Volume	Solenoid	Viscous
Shape	Tension	Diginature	Braids
Emphasis	Color	Ecological	Chains
Perspective	Solid	Trajectory	Fingers
Gestalt	Order	Deformation	Folding
Harmony	Poetic	No-form	Unfolding
Balance	Rule	Genetic	Metamorphosis
Pattern	Decoration	Nomadic	Hybrid
Repetition	Disposition	Tele ~	Domino
Rhythm	Distribution	Landscape	Dice
Scale	Mysticism	Datascape	Mikado
Symmetry	•	Hyper ~	Fractal
Unity	•	Inter ~	Rhyzomatic
Variety	•	Ubiquitous	Hybrid

어떠한 역동성 그리고 형태가 가지고 있는 연관된 정보는 다중적이며 자유롭습니다. 이 정보들이 가진 유연한 체계는 직선적인 경계가 아니며 요소의 구성도 아닙니다. 또한 전통적인 구조적 해결도 아닙니다. 이 형상들은 전체적이고 유기적이며 통합적인 결과로서 나타납니다. 점성적이고 탈구조적이며 리좀적이고 하이브리드적입니다. 고전적인 건축 형태와 공간의 언어들(Classical Language)은 다차원적 형상과 구체화 혹은 비유클리드적 공간의 형태와 언어들로 치환되기 시작하였습니다.

그러한 건축은 하나의 연속적인 흐름과 형상의 변형과 팽창 축소 등의 변화를 담고 있습니다. 의학적이고 생물학적인 그리고 기술적이고 과학적인 단계들이 표현될 수 있었습니다. 그것을 실현시킨 것은 바로 컴퓨터 소프트웨어에 의한 것입니다. 유동적인 시각적 변형은 형태학적 연구를 심화시켰습니다. 그리고 그것은 우리 시대의 다양한 표현에 내재하고 있는 의미들을 구성합니다. 그것은 다차원적인 기하학을 형성하였습니다. 또 표피의 다차원적 형태변형 즉 신체의 유기적인 조직의 변화를 추적할 수 있게 되었습니다. 이 형상적인 변화는 평면으로부터 입체로, 볼륨을 지닌 관계의 변화이며 공간과 융기의 변화, 선으로부터 장으로, 기하학적인 영역의 넓이와 형상의 이동을 반영하고 표면과 내재된 실체를 유동적인 변화의 단계로의 구축입니다. 건축에서의 변형은 도구적 차원으로부터 시작되었습니다. 해체주의 건축가들은 건축의 형상을 바꾸고자 노력하였습니다. 그들이 제시한 세계는 직선으로 가득 찬 세계가 아니라 자유로운 곡선으로 이루어진 유동적인 건축물이었습니다.

해체주의 건축은 잘 조절된 형태를 창조하기 위하여 연속적인 단계에 의한 형태를 창조하고 그것을 컴퓨터에 의한 소프트웨어로 실현시켰습니다. 디지털 테크놀러지만이 그것을 가능하게 해 주었습니다. 새로이 창조되는 건축적인 형상들은 다양한 이름으로 불려졌습니다. 우리시대의 변형이 기능과 필요에 적응하여 유동화되자 그에 따라서 구조와 표피의 변형이 동시에 이루어졌습니다. 그것들은 서로간에 연결됨으로써 하나로서 무엇인가 새로운 덩어리나 결합체를 만들어냅니다. 이 단위들은 3차원적 형태를 구축하는 요소들의 단위이며 컴퓨터 프로그램의 조절 단위이고 표현의 단위입니다. 이러한 통제의 장치들은 어떠한 하나의 덩어리를 만들고 얽혀있는 그물망의 교차점들을 형성하는 것입니다. 건축물은 하나의 기반구조에 응답한다기 보다는 조직망을 지지하는 것입니다. 그것은 유연하고 변화하는 궤적들을 따라 형성하는 실체입니다. 또한 그 궤적들은 이동성과 프로그램을 조정할 수 있는 도구입니다. 건축물은 그 자신의 결합체를 창조합니다. 그것은 연관이며 연결이고 확장이고 확대입니다. 또한 닫아 두는 것이며 그것을 자유롭게 만드는 것입니다.

자유로운 인간과 자유로운 건축

세계의 종합적 인식과 표현

우리는 어떠한 세계를 파악하고 건축에서 표현합니까 그리고 건축은 어떠한 세계를 보여주고 있습니까 예술로서의 건축은 어떠한 이야기입니까

우리는 어느 사이에 이 세계를 다양한 시각에서 풍부한 요소로 파악할 수 있게 되었습니다. 그러한 세계를 이해하고 구체화하고 질서있게 구조화하는 것은 동시에 우리 자신의 능력과 세계의 차원을 바꾸어 놓았습니다. 결국 예술은 인간이 스스로의 삶을 가꾸고 가치있게 만들어가는 과정이며 스스로의 역사를 창조하는 노력입니다. 예술로서의 건축, 건축 자체, 예술은 물론이며 인간이 추구하는 모든 이성적 활동 역시 인간의 자기 탐구이며 동시에 세계의 탐구입니다. 이 세계를 가늠하고 이해할수록 인간은 스스로를 확고히 할 수 있었습니다.

그 과정에서 우리는 이해하고 바라보고 느끼는 영역과 내용을 바꾸어 놓았습니다. 세계를 자유롭게 인식하고 표현할 수 있게 되었습니다. 감각, 지각, 인식, 인상, 기억, 추측, 짐작을 통하여 스스로 가능한 영역들을 확대할 수 있었습니다. 종종 그 방식과 과정을 통제하고 조절하기 위하여 도구와 장치들을 사용하고 세밀한 규정들로 이루어진 제도와 규칙들을 사용하기도 했습니다. 직접적인 표현과 창조가 이루어지기도 했고 그것을 가시화하기도 하였으며 불가능하다면 이야기로 전달하고 종종 수학적 형식을 빌어 그 안에 담긴 질서를 구제화하고 시각화해 왔습니다. 악보는 아름다운 음악과 신의 섭리를 전하고 인간의 감성을 전달합니다. 수학은 세계의 시간적 공간적 질서와 존재의 진실을 형식화했습니다. 회화는 시각적으로 가능한 감각의 영역을 통하여 보이지 않는 세계 너머까지 진실을 전달하고 언어는 인간이 도달할 수 있는 감성적 가치의 극단에 도달하고 있습니다.

RCR Architectes. Pavilion on Pond. 2004.

오늘 우리가 겪고 경험하고 당연하다고 알고 있는 수많은 매체와 결과들은 지금부터 100년 전에는 상상도 할 수 없이 놀라운 예술작품이고 인간 감각과 이성의 통합체입니다. 사실상 인간의 사고는 통합적이며 공감각적입니다. 이러한 지적인 확장은 가장 궁극적인 이해와 앎의 수준을 높여 주었습니다.

Herzog & de Meuron. Beijing National Stadium. 2008.

건축은 인간의 모든 지적 감각적 적응과 능력의 총체적 결과물이 되면서 더 풍부한 이야기의 대상이고 자유로운 표현의 장이 될 수 있었습니다. 그러한 총체적인 감각은 우리가 살아있다는 것과 체험으로서의 존재를 더욱 확고히 해 주고 있습니다. 이 세계는 무색 무취 무미 건조한 질감들이 아니라 너무나 풍부한 이벤트의 무대가 되었습니다.

건축은 여러 감각의 교차와 통합을 통하여 더 고양된 오브제를 탄생시키고 공간을 확장해가고 있습니다. 색, 소리, 맛, 향, 감촉, 온도, 운동감, 중력, 힘, 거리… 모든 느낌은 하나의 공통된 결합체를 구성하고 가장 고급한 형태의 감각적 대상으로 전환됩니다. 그것은 오래 전 우리의 조상들이 보았던 신비스러운 세계의 본질을 탐구하고 축제하고 함께 경이로운 경험을 나누던 그 순간으로 돌아가는 것입니다. 죽어있는 것이 살아나고 밤이 꿈틀거리고 흙으로부터 영혼이 일어나고 달이 냄새를 풍기고 진득거리는 유화물감에서 파릇한 향기와 따스한 온기를 얻는 것입니다.

그것은 다른 측면에서 보자면 환영이고 도취이고 환상입니다. 인간이 스스로 자신의 감각을 통하여 세계를 살아 움직이도록 하고 생명을 불어 넣는 것입니다. 이 세계를 더욱 풍부하고 감각적으로 이해한다는 것은 우리가 살아가는 과정에서 얻을 수 있는 가능성을 확대하여 결국에는 더 큰 가치를 얻는 것입니다. 인간의 지적 능력에 대한 궁금함과 탐구는 감각과 결합됨으로써 새로운 차원을 얻을 수 있습니다.

프로이드의 자아 그리고 이드, 라캉의 욕망 그리고 하이데거의 존재, 기표와 기의, 메를로 퐁티의 신체의 감각, 프레게의 언어 존재, 쿤의 패러다임, 마르크스의 사회주의, 데리다의 차연, 푸코의 권력과 지식, 들뢰즈의 리좀은 바로 새로운 차원의 세계를 창조한 것입니다. 우리는 무한한 급수의 차원에서 건축적 창조를 바라보게 되었습니다.

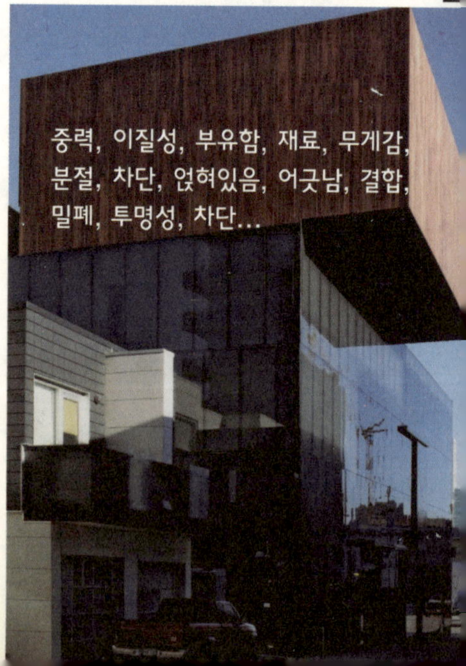
중력, 이질성, 부유함, 재료, 무게감, 분절, 차단, 얹혀있음, 어긋남, 결합, 밀폐, 투명성, 차단…

ADJAYE. Museum of Contemporary Art Denver. 2007.

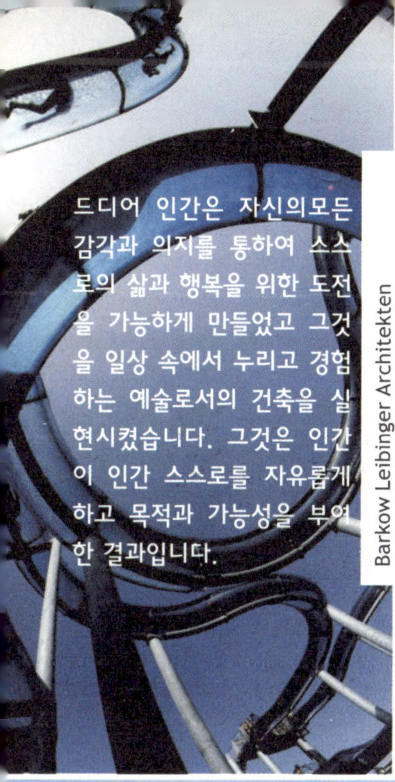

드디어 인간은 자신의모든 감각과 의지를 통하여 스스로의 삶과 행복을 위한 도전을 가능하게 만들었고 그것을 일상 속에서 누리고 경험하는 예술로서의 건축을 실현시켰습니다. 그것은 인간이 인간 스스로를 자유롭게 하고 목적과 가능성을 부여한 결과입니다.

Barkow Leibinger Architekten. Trutec Building. 2006.

운동감, 방향성, 속도감, 가벼움, 충돌, 연쇄, 상승, 불균형, 집중, 흐름, 날카로움, 기울어짐, 금속성...

Tadao Ando. 21_21 Design Sight. 2007.

인간이 자유롭고 풍부한 삶의 경험을 누릴 수 있는 여건을 확대하면서 세계는 더 큰 상호작용의 무대가 되었습니다. 의식이 깨어있다는 것은 이성적인 사유와 관념으로서의 질서가 아니라 감각과 지각의 세계적 호흡이라는 것을 실현한 것입니다. 인간은 세계를 창조한 것이지만 실제로는 인간의 내적 외적 세계를 확대한 것입니다.

Wandel Hoefer Lorch. Ohel Jakob Synagogue. 2006.

그러한 인간의 세계 창조는 철학, 생물학, 유전학, 플랙탈 기하학, 세포분화, 발생학, 우주론으로 확대되었습니다. 그러면서 기대한 바는 모두 창조되었습니다. 인간의 모든 능력은 그것이 가능한 세계를 구체화하고 그것과 동일한 감각을 제공할 수 있는 가상적 세계로 확대되었습니다. 생각해 보자면 이 모든 세계의 결과물과 가치의 논의들 그리고 지식이라 여겨지는 모든 것이 바로 인간 스스로를 위한 자유의 몸짓이고 스스로의 가치를 고양시키기 위한 노력입니다. 어떠한 학문과 집단의 목적도 바로 인간의 행복과 삶의 가치를 위한 것에서 벗어날 수 없습니다. 그것이 바로 우리가 알고 있는 진정한 가치있음의 기준이기 때문입니다.

Fam Arquitectura.
March 11 Memorial for the Victims.
2007.

아주 오랫 동안의 노력끝에 인간은 드디어 스스로를 드러내는 자유를 얻게 되었습니다. 인간이 자유롭다는 것은 자신의 의지를 통하여 세계를 인식하고 구축하고 스스로의 존재를 생산하는 것입니다. 그것은 정해진 제도와 법률과 규정에 따라 이루어지는 사회문화적 요구에 따른 반응이 아니라 자신의 창조적 노력과 감각과 사고를 펼치는 가능성에 의한 것입니다. 인간의 역사를 통하여 얻고자 하는 것은 더욱 인간답고 가치있는 존재로서의 <나 자신>을 얻는 것이라는 점에서 볼 때 건축은 그러한 배경과 표현이고 상호 관계여야 한다는 것은 분명합니다. 그것은 건축이 단순히 확정적 표현과 개념이 아니라 감각과 체험의 대상이고 경험에 의하여 확정되는 공간과 영역, 장소가 되어야 한다는 것입니다.

Barkow Leibinger Architekten. Trutec Building. 2006.

여전히 현대는 자본과 권력의 선택 아래에서 많은 것이 결정됩니다. 그러한 논의에는 가치의 개념이 경제적인 기준에 의하여 집적되고 물신화되어 있습니다. 또 도시는 더욱 거대한 네트워크의 순환과 흐름을 위하여 인간을 희생시키고 수단화합니다. 언제나 그래왔듯이 인간은 스스로를 확장해가는 방식으로 세계를 변화시키고 인간사회를 진보시킬 것입니다.

건축??? 문화(文化) 혹은 문명(文明)....?

우리 시대의 건축이 예술이라 여겨지기 어려운 까닭은 무엇입니까 그리고 그러한 배경에 건축이 추구하는 바는 무엇입니까 건축은 진정 문화입니까

오늘날 건축은 인간의 삶을 급격히 바꾸어 놓고 있습니다. 그것은 기술이 가져온 승리이고 합리화와 근대화의 결실처럼 보입니다. 그러한 세계의 변화는 우리가 산업화와 기계적 근대화를 바탕으로 하고 있습니다. 여기에서 우리는 새로운 차이를 발견하게 됩니다. 그것은 우리가 추구한 바가 문화가 아닌 문명의 징후들이기 때문입니다.

문화는 바람과 사람들 사이에 일어나는 관계이고 이야기입니다. 그것은 결코 인위적으로 강제적으로 부여할 수 있는 것이 아닙니다. 시간과 공간이 필요하고 사람들 사이에 존재하는 바탕과 인식을 요구합니다. 문화는 개인의 산물도 아니며 감추어진 것이 아닙니다. 문화는 상호작용하는 것이며 끊임없이 진보합니다. 여기에서 진보(進步)는 한걸음 한걸음 나아감을 의미합니다.

우리는 문화를 확장하고 건축합니다. 그리고 그것은 건축과 전혀 상관이 없을 수도 있습니다. 지난 수천년간 수많은 문화가 생겨나고 사라졌습니다. 그것은 사람들의 삶의 모습이고 형식입니다. 그러므로 천천히 이루어지고 그것은 공유되고 발전합니다. 그러한 문화는 관습과 행동양식과 사회의식을 동시에 포함합니다. 그러나 이 도시의 확장과 발전은 그러한 우리 자신의 삶의 방식을 위한 것이라기 보다는 자본주의적 산물이며 효율성과 능률, 합리화에 따른 수치적 결론이며 평가들을 유도하는 존재하는 량의 증가입니다. 그러므로 그것은 문화라기 보다는 어떠한 문명적인 것입니다. 그것도 기계적인 토대와 자본주의적 소비문명을 의미합니다.

강남 대로

문화는 혁신되거나 개혁될 수 없습니다. 문화는 중국에서처럼 혁명적인 변화를 받아들일 수 없습니다.(문화혁명) 궁극적으로 문화는 소수의 강제적 삽입과 이식으로 시작될 수 없습니다. 문화는 공유되는 것이며 통합이고 상호작용이기 때문입니다. 문화는 관습과 행위와 사건의 누적으로 생산되는 삶의 양식이고 공통된 의식을 토대로 합니다. 그것은 시간을 요구합니다. 문화는 제도이거나 규범으로서 단시간에 제시되고 강제될 수 없습니다. 우리 시대 도시의 모든 것은 문화이기 보다는 강제와 제도로부터 시작되는데 문제가 있습니다.

우리는 오랫 동안 가치있는 그 무엇인가를 찾아 왔습니다. 그것이 건축의 본질이고 아름다움이고 가치이고 숭고한 역할이라 생각해 왔습니다. 그것은 사실 건축의 다른 이름일 뿐 모두 하나의 틀 속에서 만나고 통합된 것입니다. 그것은 새롭고 거창한 위대한 것이라기 보다는 가장 보편적인 시간과 공간으로부터 얻어질 수 있는 것이고 우리 밖에서 얻는 것이 아니라 우리 자신과 내부로부터 얻을 수 있습니다.

우리는 지난 세기 동안 문화를 얻기 보다는 거대한 서양의 문명을 받아들이는데 너무 급하게 서둘고 그것을 전부라고 여겼습니다. 그러므로 전통문화와 동양문화와 정신문화와 삶의 문화... 모두가 파괴되거나 평가 절하되었습니다. 결국 그러한 문화를 통하여 인간의 의식과 삶을 고양시키기 위한 모든 것들이 인간이 아닌 가치의 기준들에 의하여 변질되고 오히려 그 주체는 존재하지 않는 상황으로 변화하고 있습니다. 우리는 천천히 우리 주변을 창조하고 발전시키는 동안 스스로를 방치한 것인지도 모릅니다. 그것은 결국 문명으로 여겨지는 이 세계의 드러나는 형식들이 존재 자체를 가치있게 하거나 존재의 이유를 설명할 수 없다는 결론에 도달하게 합니다.

미묘한 차이이지만 문명과 문화를 오인하는 것은 우리가 무엇을 얻어야 하고 인간의 삶의 모습을 어떻게 유지하고 지켜야 하는가에 대한 의문과 건축의 본질을 흐트러뜨릴 수 있습니다. 중요한 것은 그러한 주체와 목적이 무엇이고 문명과 문화가 의도하는 바가 무엇인가 하는 섬입니나. 그렇게 보자면 우리시대의 물질문명과 디지털 혁명은 문화로부터 얻어지거나 문화를 생산하는 수단으로 여길 수 있습니다. 문화가 그보다 더욱 깊은 뿌리이고 그러한 문화의 의식과 역사적 기반으로부터 문명을 유지시킬 수 있습니다. 문화는 그 사회의 정신이고 문명은 자산이라 할 수 있습니다. 우리가 가진 것을 낮추는 것도 어리석지만 그것을 전부라 여기는 것은 더 어리석은 일입니다.

건축 역시 드러나고 보여지는 것으로서의 건축이 아니라 그것이 담아야 하고 가능하게 하는 본질이 인간이라는 것을 잃지 않아야 할 것입니다. 그렇게 보자면 예술은 그러한 가능성과 본질을 가장 잘 이해하고 인간의 모든 창조물들에 있어서 이정표를 제공하는 것이라 할 수 있습니다. 인간으로서 세계에 대한 물음과 의지를 표현하는 다양한 방식 가운데 종교와 과학과는 다른 형식으로 인간의 세계를 표현하는 것이 예술입니다. 인간은 영원히 그러한 예술이 갖는 의식과 목적을 완수할 수는 없습니다. 그것이 존재로서 우주에 남겨진 모습이고 한계이기 때문입니다. 그 이상으로 창조적 능력과 가능성을 지닌 인간이기 때문입니다.

따라서 건축을 문화로 여기는가와 문명의 소산으로 여기는가에 따라서 그 본질을 바꾸어놓을 것입니다. 우리는 아직도 건축을 예술로 이해하고 파악하기에 더 많은 생각과 이해에 접근해야 합니다. 여전히 건축을 통하여 예술이라는 놀라운 가능성에 도달한다는 것은 쉽지 않은 것이 사실입니다. 그것은 적절한 거리에 있기에 이 세계의 모든 건축물들이 예술작품이 될 수 없는 것이며 또한 그것은 우리 삶에 근접해 있기 때문에 살아가면서 일상 속에서 가능한 예술이기도 합니다. 그러므로 건축 예술은 좀 더 통제할 수 있고 가능성 있는 수단과 매체, 의미들로 형식화되어야 하고 우리가 다룰 수 있고 가늠하고 변화를 조정할 수 있는 능력과 이해를 얻어야만 할 것입니다. 그것이 우연이나 천재적 소질에 의한 것이 아니라 어떠한 노력과 의식과 의지를 통하여 드러날 수 있는 습득된 소양으로도 가능한 것임을 알게 될 것입니다.

지금까지 수많은 예술의 분야에서 천재와 신동이 나타났습니다. 그러나 그 모든 능력의 대가들이 일상의 삶에서 실제로 구축되고 경험하고 구조적 한계에 맞부딪쳐 현실의 구체화된 대상으로서의 작품을 남기는 것은 쉽지 않았기 때문에 건축에 있서서만은 신동이 존재할 수 없다는 것을 이해할 것입니다. 건축이 드러내는 것은 결국 형태만이 아니라 그 안에 담긴 의식과 일상의 삶이기 때문입니다. 그것은 결코 완전히 통제할 수 없는 자유의지와 영혼을 가진 인간의 공간이기 때문입니다.

이 책은 예술로서의 건축이 무엇인가와 어떠한 결과물과 사고가 진작되었는가를 연구하기 위한 첫 걸음입니다. 그러므로 전체의 그림을 그리기에 적절한 마음가짐을 얻을 수 있기를 바랍니다. 이 책에서 중요한 것은 지식이 아니라 생각하는 태도이고 방식입니다. 그리고 그것은 곧 다른 책들에서 좀 더 깊이 언급될 것입니다. 이 책은 모두 8권으로 계획되었습니다. 그 나머지의 내용은 건축이 어떠한 과정에서 발전해 왔는가의 해답을 얻는 과정입니다. 그리고 그 과정에서 드러난 결과물로서 건축만을 평가하거나 이론적인 내용을 받아들이는 것 이상의 이해를 얻기를 바랍니다. 여전히 우리는 수많은 질문에 둘러싸여 있고 그것은 결국 < 나 자신 >에 대한 물음으로 돌아갑니다.

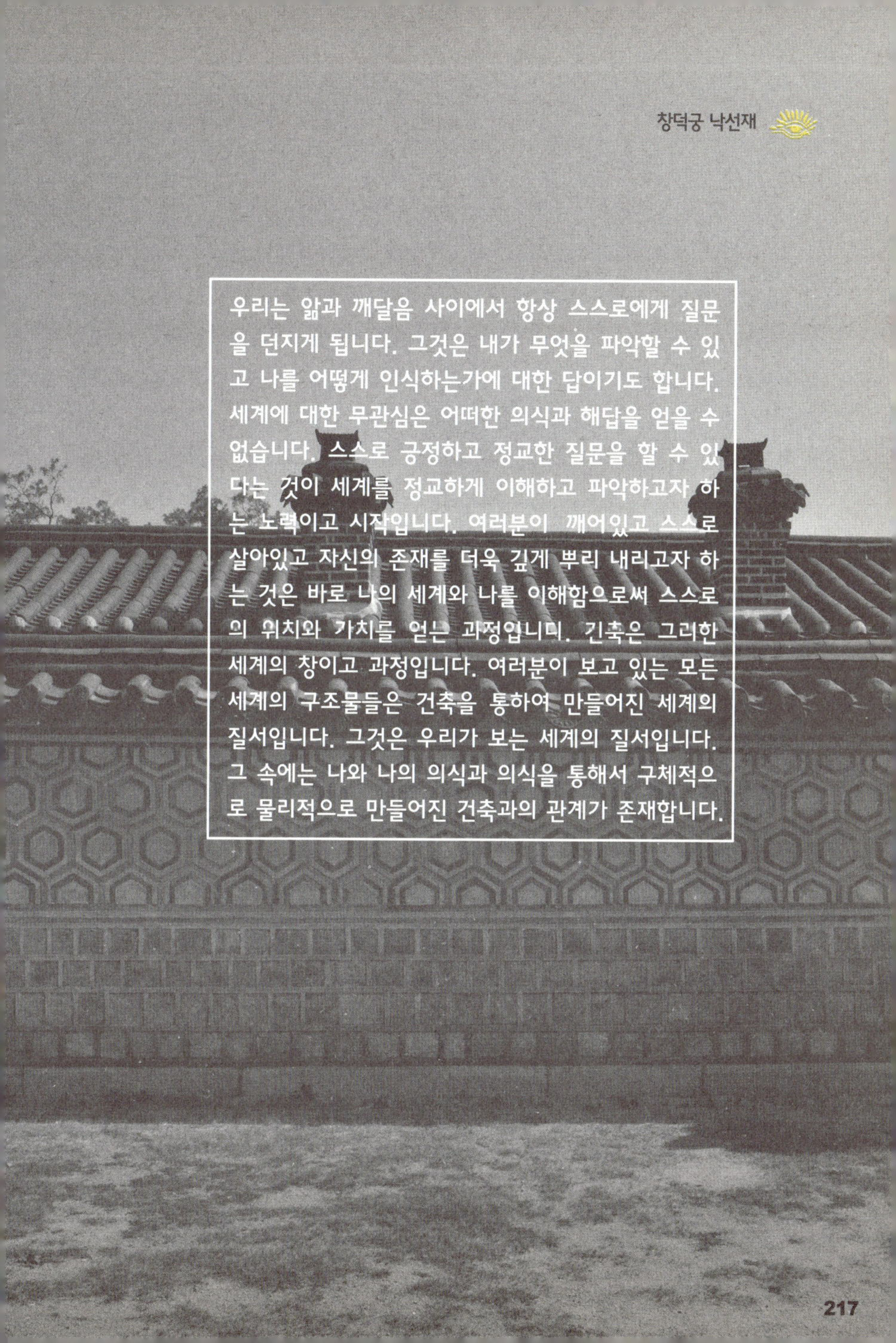

우리는 앎과 깨달음 사이에서 항상 스스로에게 질문
을 던지게 됩니다. 그것은 내가 무엇을 파악할 수 있
고 나를 어떻게 인식하는가에 대한 답이기도 합니다.
세계에 대한 무관심은 어떠한 의식과 해답을 얻을 수
없습니다. 스스로 긍정하고 정교한 질문을 할 수 있
다는 것이 세계를 정교하게 이해하고 파악하고자 하
는 노력이고 시작입니다. 여러분이 깨어있고 스스로
살아있고 자신의 존재를 더욱 깊게 뿌리 내리고자 하
는 것은 바로 나의 세계와 나를 이해함으로써 스스로
의 위치와 가치를 얻는 과정입니다. 건축은 그러한
세계의 창이고 과정입니다. 여러분이 보고 있는 모든
세계의 구조물들은 건축을 통하여 만들어진 세계의
질서입니다. 그것은 우리가 보는 세계의 질서입니다.
그 속에는 나와 나의 의식과 의식을 통해서 구체적으
로 물리적으로 만들어진 건축과의 관계가 존재합니다.

찾아보기

찾아보기는 이 책을 직선적인 서술의 연속 이상으로 확장될 수 있음을 보여 줍니다. 동일한 의미가 다양한 페이지에 나타나고 모든 내용들이 거대한 그물망을 구성하고 있다는 것을 확인시켜 줍니다. 우리는 인덱스를 통하여 이 전체 글을 꿰고 있는 의미들의 연결 고리를 제시합니다. 이 책에는 아주 많은 내용들이 서로 하나로 묶여 있습니다. 그리고 그 모두가 책 내에 다양한 층위와 의미의 복합성을 확인시켜 줍니다. 모든 책은 나름의 차례를 가지고 있습니다. 표지, 머리글, 목차, 본문, 찾아보기, 참고문헌. 그리고 본문은 제시된 차례대로 서술됩니다. 이러한 형식은 텍스트의 구조이고 글이 갖는 의미, 책이 갖는 의미, 그리고 다양한 가능성을 고정시켜 놓은 것입니다. 그러므로 찾아보기는 이 책이 가지고 있는 내적 구조를 확장시켜 줍니다. 여러분은 하나 하나 새로운 내용을 확인하면서 새로운 의미와 새로운 사고의 길을 찾을 수 있습니다.

참고문헌

이 책은 세상에 한 번도 없었던 이야기를 써낸 새로운 책이 아닙니다. 이 책은 수많은 철학자와 건축이론가, 미학자, 사회학자, 건축가를 포함하여 위대한 인류가 이룩해 놓은 결과를 이해하기 쉽게 음미하는 것입니다. 무엇이 중요하고 무엇을 건축하는가 가늠하기 위한 책입니다. 따라서 사실상 새로운 것은 하나도 없다고 할 수 있습니다. 이 책에 나타나는 거대한 의미의 바다는 단지 넘치는 것만이 아닙니다. 그것은 우리가 살고 있는 세계 전체이고 항상 접하는 이야기입니다. 그 이야기들은 다음과 같은 훌륭한 선험자들의 서적을 통하여 생각을 얻었습니다. 여러분이 이 책을 통하여 더욱 위대한 정신과 만날 수 있기를 바랍니다.

이정우. 개념-뿌리들. 철학아카데미. 2004.
임석재. 건축과 예술이 만나다. 휴머니스트. 2008
장정제. 자유로운 건축 개념의 구조로서 건축. 시공문화사. 2007.
징정제. 개념의 구조로서 건축 I 창조적 사고와 디자인이 도전. 시공문화사 2008
장정제. 개념의 구조로서 건축 II 건축과 도시의 상호작용. 시공문화사. 2008.
장정제. 아름다운 건축 인간이 꿈꾸는 건축 건축이 그려내는 도시. 시공문화사
장정제. 현대건축의 사고.시공문화사. 2008.
장정제. 건축제도의 이해. 시공문화사. 2008.
Alan Chalmers. 신중섭 외 譯. 과학이란 무엇인가 ?. 서광사. 2003.
Alex Sanchez Vidiella. The Source book of Contemporary Architecture. 2007.
Andreas Schunider. 김경균 譯 정보디자인. 정보공학. 2006.
Arnold Hauser. 염무웅 외 譯 문학과 예술의 사회사. 창작과비평사. 1999.
Ben Farmer. Companion to Contemporary Architecture. Routledge 1991.
Benister Fletcher. A history of Architecture. Achitectural Press. 1996.
Bernard Tschumi. Mathew Berman. Index Architecture. The Mit Press. 2003.
Brooke Hodge. Skin + Bpne. Thames&Hudson. 2008
Bruno Zevi. 이해성 譯 The Modern Language of Architecture. 세진사. 1998.
Bruno Zevi. 최종현 譯 공간으로서의 건축. 세진사. 1998.
Bruce Goldstein. 정찬섭 외 譯. 감각과 지각. 시그마프레스. 2000.
Camillo Sitte. 손세욱 외 譯. 도시건축미학. 태림문화사. 2007.
Chales Jencks. The language of Post-Modern Architecture. Rizzoli. 1977.
Chales Jencks. The New Paradigm in Architecture. Yele Univ. 2002.
Chales Jencks. Architecture Today. Abraham. 1998.
C .Norberg Schultz. 정영주 외 譯. 서양건축의 본질적 의미. 세진사.1994.

Christian Norberg Schulz. 민경호 외 譯. 장소의 혼. 태림문화사. 1998.
Christian Norberg Schulz. 진경돈 외 譯. 건축의 의미와 장소성. 시공문화사. 1999.
Christian Norberg Schulz. 김광현 외 譯. 실존 공간 건축. 태림문화사. 1999.
David Micheal Levin. 정성철 외 譯. 시각의 헤게모니. 시각과 언어. 2003.
David Watkin. 우동선 譯. 건축사학사. 시공사 1997.
Edmund Husserl. 이종훈 譯 유럽학문의 위기와 선험적 현상학. 한길사. 2003.
Edward T. Hall. 김광문 외 譯. The Hidden Dimention. 세진사. 1988.
Ernst H Gombrich. 차미예 譯. 예술과 환영. 동문선. 1997.
Erwin Panofsky. 이한순 譯. Studies in Iconology. 시공사. 2002.
Farchid Moussavi. The Function of Ornament. ACTAR. 2007.
George A Miller. 강범모 외 譯. 언어의 과학. 민음사. 1998.
Georges Nataf. 김정란 譯. 상징. 기호. 표지. 열화당. 1995.
Gilles Deleuze. 이경신 譯. 니체와 철학. 민음사. 2008.
Gilles Deleuze. 이정우 譯. 의미의 논리. 한길사. 1999.
Gilles Deleuze & Felix Guattari. 김재인 譯. Mille Plateaux. 새물결. 2001.
Hans Ibelings The Artificial Landscape. NAI. 2002.
Hans J Storig. 박민수 譯. 세계 철학사. 이룸. 2008.
Hans Sedlmayr. 박래경 譯. Verlust Der Mitte. 중심의 상실. 문예출판사. 2002.
Heinrich Rombach. 전동진 譯. 살아있는 구조. 서광사. 2004.
Helmut Seiffert. 전영삼 譯. 학의 방법론 입문 I, II. 교보문고. 1992.
Henri Refebvre. 이종민 譯. 모더니티입문. 동문선. 2003.
Jack Tresidder. 김병화 譯. 상징이야기. 도솔. 2007.
Jean Baudrillard. 하태환 譯. 시뮬라시옹. 민음사. 2002.
James F. O.Gorman. 김은중 譯. 건축의 ABC 이경훈. 국제. 2004.
John Berger. 이용은 譯. The Sense of Sight. 동문선. 1985.
John Summerson. 최대 외 譯. 건축의 고전적 언어. 태림문화사. 1991.
Kenneth Frampton. Studies in Tectonic Culture. MIT Press 2004.
Loger K Lewes. 류종우 譯. 건축가. 화영사. 1998.
Melvin Raider. 김광명 譯. 예술과 인간가치. 까치. 2004.
Marc Aronson. 장석봉 譯. ART Attack. E 이후. 2007.
Michel Foucault. 박정자 譯. 비정상인등. 동문선. 1999.
Monroe C. Beardsley. 이성훈 외 譯. 미학사. 이론과 실천. 1995.
MVRDV. KM3. ACTAR. 2005.
Neil Spiller. Visionary Architecture. Thames&Hudson. 2006.
Noam Chomsky 이선우 譯. 언어지식. 아르케. 2000.
Norman Brison. 김융희 譯. 기호학과 시각예술. 시각과 언어. 2002.
Patrick Nuttgens. 윤길순 譯 The Story of Architecture. 동녘. 2001.
Paul Whitney. 이승복 외 譯. 언어심리학. 시그마프레스. 1999.

Phillip Johnson. 최종현 譯. 국제주의 양식의 건축. 세진사. 1994.
Pierre Bourdieu. 하태환 譯. 예술의 규칙. 동문선. 2002.
Pierre von Meiss. 정인하 외 譯 형태로부터 장소로. 시공사. 2000.
Ralph Stephenson. 송도익 譯 예술로서의 영화. 열화당. 2005.
Ray Jackendoff. 김종복 외 譯. 언어의 본질. 박이정. 2004.
Riley Bergdoll. Mies in Berlin. MOMA. 2000.
Rosalind E Krauss. 윤난지 譯 현대조각의 흐름. 예경. 1997.
Roger Scruton. 김경수 譯 Aesthetic of Architecture. 기문당. 1992.
Rudolf Arnheim. 정용도 譯. The Power of Center. 눈빛. 1995.
Rudolf Arnheim. 이춘길 譯. 미술과 시지각. 미진사 1995.
Sasaki Ken-ichi. 민주식 譯. 미학사전. 동문선. 2002.
Simon unwin. 최왕돈 譯 건축의 메타언어. 아키그램. 1994.
Stanley Abercrobie. 김종현 譯 Architecture as Art. 세진사 1994.
Sten Eider Rasmussen. 건축 예술의 체득. 야정문화사. 2007.
Steven Pinker. 김한영 외 譯. 언어본능. 그린비 1995.
Steven Pinker. 김한영 譯. The Blank Slate. 사이언스북스. 2005.
Udo Kulterman. 김문환 譯. 예술이론의 역사. 문예출판사. 2000.
Umberto Eco. 서우석 譯. 기호학의 이해. 문학과지성사. 1999.
Umberto Eco. 미의 역사. 열린책들. 2005.
Van de Van. 고성룡 譯. 건축공간론. 기문당. 1994.
Andre Vergez. Denis Huisman. 이재형 譯. 철학강의. 청하. 1987.
Vitruvius. 오덕성 譯. 건축십서. 기문당. 1996.
Wayne Attoe. 이동건 외 譯. 건축과비평. 두영. 1997.
William Henry Werkmeister 최병환 譯. 가치론의 역사적 조명. 서광사. 1999.
Winand Klassen. 심우갑 譯. 서양건축사. 아키그램. 2005.
Wladyslaw Tatarkiewicz. 이용대 譯. 여섯가지개념의 역사. 이론과실천. 1990.
Wolfgang Meisenheimer. 공간의 안무. 동녘. 2007.
Wolfgang. Heineamann. 백설자 譯. 텍스트 언어학 입문. 역락. 2001.
Yuri M Lotman. 유재천 譯. 문화기호학. 문예출판사. 1998.
Zwlanski Fisher. 김현중 외 譯. 디자인 원리. 도서출판 국제. 2005.
마츠다 유키마사. 김경균 譯. 눈의 모험. 정보공학연구소. 2007.

AIA. Graphic Standard.
Macmillan Encyclopedia of Architects. Macmillan 1993.
Manuel Gausa 외. Metapolis dictionary of advanced Architecture. Actor. 2004
Nicolaus Pevsner Dictionary of Architecture. The overlook Press. 1976.
Harold Osborne. 한국미술연구소 譯. 옥스퍼드 미술사전. 시공사 2002.
Harold Osborne. 한국미술연구소 譯. 옥스퍼드 20세기 미술사전. 시공사 2002.

장정제(Jungjae Jang)

· 1970년 출생. 홍익대학교 건축학과 및 동대학원 박사 과정을 졸업. 건축가. 다수의 저서와 논문을 발표. 다수의 연구 용역 및 설계 프로젝트에 참가하였으며 홍익대학교 건축대학 및 대학원 박사과정에 출강하고 있다.

· 연구논문
- 석사학위논문: 서울시자치구청사계획에 관한 연구(1999. 12)
- 박사학위논문: 건축언어에 의한 의미 구조와 가치 구조에 관한 연구(2005. 12)
- 건축언어의 의미와 연관에 관한 연구 대한건축학회논문집(2005. 08) 외 10여편 발표

· 저술 및 번역
- 자유로운 건축 개념의 구조로서의 건축. 시공문화사. 2007.
- 실내건축디자인. 구미서관. 2007.
- 현대건축의 사고(Companion to Contemporary Architecture). 시공문화사. 2008.
- 건축설계제도. 시공문화사. 2008.
- 개념의 구조로서의 건축I: 창조적 사고와 디자인의 도전. 시공문화사. 2008.
- 개념의구조로서의건축II: 건축과 도시의 상호작용. 시공문화사. 2008.
- 아름다운 건축, 인간이 꿈꾸는 도시, 건축이 그려내는 도시. 시공문화사. 2008.
- 건축디자인 실험매뉴얼(역서) 시공문화사. 2008.

박성현(Sunghyun Park)

· 1973년 출생. 자산관리 컨설턴트. 프리랜서 사진작가

예술로서의 건축

2009년 12월 10일 1쇄 발행 | 장정제 저 | 사진 박성현

발행인 김기현 | 발행처 ***Spacetime*** · 시공문화사

등록 1993.3.12 제1-1493 | 인쇄 예림인쇄사 | 제본 문종문화사 | 용지 대림지업(주)

서울시 서대문구 현저동 200번지 극동빌딩 5층 | 전화 02-3147-1212 | 팩스 02-3147-2626

e-mail spacetime@korea.com www.spacetime.co.kr

ISBN 978-89-5592-141-0

정가 12,000원